计算机辅助设计与制造系列

# UG NX 基础与实例应用

魏 峥 主编
王兰美 主审

清华大学出版社
北 京

## 内容简介

本书注重实践、强调实用，内容包括机械零件设计、装配体设计和绘制工程图等多方面的知识和应用技术。本书通过与机械设计中有关的典型范例，介绍了 UG NX 在机械产品设计中的零件建模思路、设计方法、操作步骤和技巧，最后进行知识总结并提供了大量习题以供读者实战练习。

为了使读者掌握本书中的有关操作和技巧，本书配套资源中根据章节内容制作了有关的视频教程，与本书相辅相成、互为补充，直观的操作过程将最大限度地帮助读者快速掌握所学内容。

本书适合国内机械设计和生产企业的工程师阅读，也可以作为 UG NX 培训机构的培训教材、UG NX 爱好者和用户自学教材以及大中专院校相关专业的学生学习 UG NX 的教材。

本书封面贴有清华大学出版社防伪标签，无标签者不得销售。
版权所有，侵权必究。举报：010-62782989，beiqinquan@tup.tsinghua.edu.cn。

图书在版编目(CIP)数据

UG NX 基础与实例应用/魏峥主编；王兰美主审. —北京：清华大学出版社，2010.4（2021.8重印）
（计算机辅助设计与制造系列）
ISBN 978-7-302-22238-5

Ⅰ. ①U… Ⅱ. ①魏… ②王… Ⅲ. ①机械设计：计算机辅助设计—应用软件，UG NX—专业学校—教材 Ⅳ. ①TH122

中国版本图书馆 CIP 数据核字(2010)第 043490 号

责任编辑：黄　飞　杨作梅
装帧设计：杨玉兰
责任校对：李玉萍
责任印制：朱雨萌

出版发行：清华大学出版社
　　　　　网　　址：http://www.tup.com.cn, http://www.wqbook.com
　　　　　地　　址：北京清华大学学研大厦 A 座　　邮　编：100084
　　　　　社 总 机：010-62770175　　　　　　　　　邮　购：010-62786544
　　　　　投稿与读者服务：010-62776969, c-service@tup.tsinghua.edu.cn
　　　　　质量反馈：010-62772015, zhiliang@tup.tsinghua.edu.cn
印 装 者：三河市铭诚印务有限公司
经　　销：全国新华书店
开　　本：185mm×260mm　　印　张：22　　字　数：535 千字
版　　次：2010 年 4 月第 1 版　　　　　　印　次：2021 年 8 月第 13 次印刷
定　　价：49.00 元

产品编号：036874-02

# 前　言

功能强大、易学易用和技术创新是 UG NX 的三大特点，从而使其成为领先的、主流的三维 CAD 解决方案。UG NX 具有强大的建模能力、虚拟装配能力及灵活的工程图设计能力，其理念是帮助工程师设计优良的产品，使设计师更关注产品的创新而非 CAD 软件。

本书详细介绍了 UG NX 的草图绘制方法、特征命令操作、零件建模思路、零件设计、装配设计以及工程图设计等方面的内容，并注重实际应用和技巧训练相结合。各章主要内容如下。

第 1 章为 UG NX 设计基础，内容包括设计入门和视图的运用。

第 2 章为基本实体的构建，内容包括操纵工作坐标系、建立基本体素、布尔操作和层操作。

第 3 章为参数化草图建模，内容包括创建基本草图、草图定位和镜像草图。

第 4 章为创建扫掠特征，内容包括定义扫描区域、拉伸操作、旋转操作、沿引导线扫掠和扫掠。

第 5 章为创建设计特征，内容包括创建孔特征、建立凸台、建立腔与键槽和建立沟槽。

第 6 章为创建基准特征，内容包括创建相对基准平面和相对基准轴。

第 7 章为创建细节特征，内容包括恒定半径倒圆、可变半径倒圆、边缘倒角、拔模、抽壳、矩形阵列、圆形阵列和镜像。

第 8 章为表达式与部件族，内容包括创建和编辑表达式、创建抑制表达式和部件族。

第 9 章为装配建模，内容包括建立新的引用集(Reference Sets)、从底向上设计方法、创建组件阵列和 WAVE 技术及装配上下文设计。

第 10 章为工程图的构建，内容包括主模型的概念(Master Model Concept)，工程图的管理，基本视图的添加，投影视图，创建局部放大视图和断开视图，定义视图边界——创建局部视图，视图相关编辑，创建全剖视图、创建阶梯剖视图和阶梯轴测剖视图、创建半剖视图、创建旋转剖视图、创建展开剖视图、创建局部剖视图，装配图剖视，创建中心线、创建尺寸标注、创建文本注释、创建形位公差标注，标注表面粗糙度符号。

附录内容包括认证项目综述，理论考试指导，上机考试指导，样卷。

本书各章后面的习题不仅可以起到巩固所学知识和实战演练的作用，并且对深入学习 UG NX 也有引导和启发的作用，读者可以参考本书提供的答案对自己做出测评。为方便读者学习，本书提供了大量的实例素材和操作视频，在写作过程中，我们充分汲取了 UG NX 的授课经验，同时与 UG NX CAD 爱好者展开了良好的交流，充分了解他们在应用 UG NX 过程中所吸需掌握的知识内容，做到理论和实践相结合。

本书适合国内机械设计和生产企业的工程师阅读，也可以作为 UG NX CAD 培训机构的培训教材，以及大中专院校相关学生学习 UG NX CAD 的教材。

本书由魏峥主编，王兰美主审，参加本书编写的人员有裴承慧、鲁泳、王敬艳、王继梅、赵梅、郭洋、朱崇高等。同时德尔福派克电气系统有限公司烟台分公司、北京照相机总厂的邢启恩高级工程师为本书提供了大量实例，在此深表谢意。由于作者水平有限，图书虽经再三审阅，但仍有可能存在不足和错误，恳请各位专家和广大读者批评指正！技术支持电话：13853359434，电子邮箱：weizheng@ncie.gov.cn。

编 者

附：

全国信息化应用能力考试是由工业和信息化部人才交流中心主办，以信息技术在各行业、各岗位的广泛应用为基础，面向社会，检验应试人员信息技术应用知识与能力的全国性水平考试体系。作为全国信息化应用能力考试工业技术类指定参考用书，《UG NX 基础与实例应用》从完整的考试体系出发来编写，同时配备相关考试大纲、课件及练习系统。通过对本书的系统学习，可以申请参加全国信息化应用能力考试相应科目的考试，考试合格者可获得由工业和信息化部人才交流中心颁发的《全国信息化工程师岗位技能证书》。该证书永久有效，是社会从业人员胜任相关工作岗位的能力证明。证书持有人可通过官方网站查询真伪。

全国信息化应用能力考试官方网站：www.ncie.gov.cn

项目咨询电话：010-88252032

传真：010-88254205

# 目 录

## 第 1 章　UG NX 设计基础 .................. 1
### 1.1 设计入门 ...................................... 1
1.1.1 案例介绍及知识要点 ............ 1
1.1.2 建模分析 ................................ 1
1.1.3 操作步骤 ................................ 2
1.1.4 知识总结——用户界面 ........ 6
1.1.5 知识总结——部件导航器 .... 10
1.1.6 知识总结——文件操作 ........ 11
1.1.7 知识总结——鼠标与键盘的
　　　使用 ........................................ 13
### 1.2 视图的运用 .................................. 14
1.2.1 观察模型的方法 .................... 14
1.2.2 模型的显示方式 .................... 14
1.2.3 模型的查看方向 .................... 15
### 1.3 上机练习 ...................................... 16

## 第 2 章　基本实体的构建 .................... 18
### 2.1 操纵工作坐标系 .......................... 18
2.1.1 案例介绍及知识要点 ............ 18
2.1.2 操作步骤 ................................ 18
2.1.3 知识总结——点构造器 ........ 20
2.1.4 知识总结——矢量构造器 .... 21
2.1.5 知识总结——工作坐标系 .... 22
### 2.2 建立基本体素 .............................. 24
2.2.1 案例介绍及知识要点 ............ 24
2.2.2 操作步骤 ................................ 24
2.2.3 知识总结——体素特征 ........ 27
2.2.4 知识总结——布尔操作 ........ 31
2.2.5 知识总结——层操作 ............ 33
### 2.3 实战练习 ...................................... 35
2.3.1 建模分析 ................................ 36
2.3.2 操作步骤 ................................ 36

### 2.4 上机练习 ...................................... 41

## 第 3 章　参数化草图建模 .................... 43
### 3.1 创建基本草图 .............................. 43
3.1.1 案例介绍及知识要点 ............ 43
3.1.2 操作步骤 ................................ 43
3.1.3 步骤点评 ................................ 45
3.1.4 知识总结——草图基本知识、
　　　配置文件工具 ........................ 46
### 3.2 定位板 .......................................... 47
3.2.1 案例介绍及知识要点 ............ 47
3.2.2 建模分析 ................................ 48
3.2.3 操作步骤 ................................ 48
3.2.4 步骤点评 ................................ 49
3.2.5 知识总结——绘制基本
　　　几何图形 ................................ 51
3.2.6 知识总结——添加草图约束 ... 53
3.2.7 知识总结——尺寸约束 ........ 57
3.2.8 知识总结——转换至参考/
　　　活动的 .................................... 58
3.2.9 知识总结——智能约束
　　　设置 ........................................ 58
### 3.3 槽轮 .............................................. 59
3.3.1 案例介绍及知识要点 ............ 59
3.3.2 建模分析 ................................ 60
3.3.3 操作步骤 ................................ 60
3.3.4 步骤点评 ................................ 62
3.3.5 知识总结——镜像曲线 ........ 62
### 3.4 实战练习 ...................................... 63
3.4.1 建模分析 ................................ 63
3.4.2 操作步骤 ................................ 64
### 3.5 上机练习 ...................................... 65

# 第4章 创建扫掠特征 ... 68

## 4.1 定义扫描区域 ... 68
### 4.1.1 案例介绍及知识要点 ... 68
### 4.1.2 操作步骤 ... 69
### 4.1.3 步骤点评 ... 70
### 4.1.4 知识总结——扫描特征的类型 ... 70
### 4.1.5 知识总结——选择线串 ... 70

## 4.2 拉伸操作 ... 71
### 4.2.1 案例介绍及知识要点 ... 71
### 4.2.2 建模分析 ... 72
### 4.2.3 操作步骤 ... 72
### 4.2.4 步骤点评 ... 76
### 4.2.5 知识总结——拉伸 ... 76

## 4.3 带拔模的拉伸 ... 77
### 4.3.1 案例介绍及知识要点 ... 77
### 4.3.2 操作步骤 ... 78
### 4.3.3 知识总结——拔模 ... 79

## 4.4 非正交的拉伸 ... 81
### 4.4.1 案例介绍及知识要点 ... 81
### 4.4.2 操作步骤 ... 81
### 4.4.3 知识总结——拉伸矢量 ... 83

## 4.5 带偏置的拉伸 ... 84
### 4.5.1 案例介绍及知识要点 ... 84
### 4.5.2 操作步骤 ... 85
### 4.5.3 知识总结——偏置 ... 86

## 4.6 旋转操作 ... 87
### 4.6.1 案例介绍及知识要点 ... 87
### 4.6.2 建模分析 ... 88
### 4.6.3 操作步骤 ... 88
### 4.6.4 知识总结——旋转 ... 90

## 4.7 沿引导线扫掠 ... 91
### 4.7.1 案例介绍及知识要点 ... 91
### 4.7.2 建模分析 ... 91
### 4.7.3 操作步骤 ... 92
### 4.7.4 知识总结——沿引导线扫掠 ... 94

## 4.8 扫掠 ... 95
### 4.8.1 案例介绍及知识要点 ... 96
### 4.8.2 操作步骤 ... 96
### 4.8.3 知识总结——扫掠 ... 99

## 4.9 实战练习 ... 100
### 4.9.1 建模分析 ... 100
### 4.9.2 操作步骤 ... 100

## 4.10 上机练习 ... 108

# 第5章 创建设计特征 ... 113

## 5.1 创建孔特征 ... 113
### 5.1.1 案例介绍及知识要点 ... 113
### 5.1.2 建模分析 ... 114
### 5.1.3 操作步骤 ... 114
### 5.1.4 步骤点评 ... 117
### 5.1.5 知识总结——创建孔特征 ... 117

## 5.2 建立凸台 ... 118
### 5.2.1 案例介绍及知识要点 ... 118
### 5.2.2 建模分析 ... 118
### 5.2.3 操作步骤 ... 118
### 5.2.4 步骤点评 ... 121
### 5.2.5 知识总结——选择放置面 ... 121
### 5.2.6 知识总结——定位圆形特征 ... 121
### 5.2.7 知识总结——凸台的创建 ... 123

## 5.3 建立腔与键槽 ... 124
### 5.3.1 案例介绍及知识要点 ... 124
### 5.3.2 操作步骤 ... 125
### 5.3.3 知识总结——选择水平参考 ... 127
### 5.3.4 知识总结——定位非圆形特征 ... 128
### 5.3.5 知识总结——腔体的创建 ... 129
### 5.3.6 知识总结——凸垫的创建 ... 130
### 5.3.7 知识总结——键槽的创建 ... 130

## 5.4 建立沟槽 ... 132
### 5.4.1 案例介绍及知识要点 ... 132
### 5.4.2 操作步骤 ... 133
### 5.4.3 知识总结——沟槽的创建 ... 136

## 5.5 实战练习 ... 137
### 5.5.1 建模分析 ... 138

5.5.2 操作步骤 .................................. 138
　5.6 上机练习 ........................................... 143

## 第6章　创建基准特征 ........................... 146

　6.1 创建相对基准平面 ........................... 146
　　　6.1.1 案例介绍及知识要点 ............... 146
　　　6.1.2 操作步骤 .................................. 147
　　　6.1.3 步骤点评 .................................. 149
　　　6.1.4 知识总结——基准面 ............... 149
　6.2 创建相对基准轴 ............................... 151
　　　6.2.1 案例介绍及知识要点 ............... 151
　　　6.2.2 建模分析 .................................. 151
　　　6.2.3 操作步骤 .................................. 152
　　　6.2.4 步骤点评 .................................. 155
　　　6.2.5 知识总结——基准轴 ............... 155
　6.3 实战练习 ........................................... 156
　　　6.3.1 建模分析 .................................. 156
　　　6.3.2 操作步骤 .................................. 156
　6.4 上机练习 ........................................... 161

## 第7章　创建细节特征 ........................... 164

　7.1 恒定半径倒圆 ................................... 164
　　　7.1.1 案例介绍及知识要点 ............... 164
　　　7.1.2 操作步骤 .................................. 164
　　　7.1.3 步骤点评 .................................. 167
　　　7.1.4 知识总结——恒定
　　　　　　半径倒圆 .................................. 167
　7.2 可变半径倒圆 ................................... 167
　　　7.2.1 案例介绍及知识要点 ............... 167
　　　7.2.2 操作步骤 .................................. 168
　　　7.2.3 知识总结——可变半径
　　　　　　倒圆 .......................................... 170
　7.3 边缘倒角 ........................................... 171
　　　7.3.1 案例介绍及知识要点 ............... 171
　　　7.3.2 操作步骤 .................................. 171
　　　7.3.3 知识总结——边缘倒角 ........... 173
　7.4 拔模和抽壳 ....................................... 174
　　　7.4.1 案例介绍及知识要点 ............... 174
　　　7.4.2 操作步骤 .................................. 174

　　　7.4.3 知识总结——拔模 ................... 178
　　　7.4.4 知识总结——抽壳 ................... 179
　7.5 矩形阵列 ........................................... 180
　　　7.5.1 案例介绍及知识要点 ............... 180
　　　7.5.2 操作步骤 .................................. 180
　　　7.5.3 知识总结——矩形阵列 ........... 183
　7.6 圆形阵列 ........................................... 183
　　　7.6.1 案例介绍及知识要点 ............... 183
　　　7.6.2 操作步骤 .................................. 184
　　　7.6.3 知识总结——圆形阵列 ........... 186
　7.7 镜像 ................................................... 186
　　　7.7.1 案例介绍及知识要点 ............... 186
　　　7.7.2 操作步骤 .................................. 187
　　　7.7.3 知识总结——镜像 ................... 190
　7.8 实战练习 ........................................... 191
　　　7.8.1 建模分析 .................................. 191
　　　7.8.2 操作步骤 .................................. 192
　7.9 上机练习 ........................................... 196

## 第8章　表达式与部件族 ....................... 199

　8.1 创建和编辑表达式 ........................... 199
　　　8.1.1 案例介绍及知识要点 ............... 199
　　　8.1.2 操作步骤 .................................. 199
　　　8.1.3 步骤点评 .................................. 202
　　　8.1.4 知识总结——表达式的
　　　　　　概念 .......................................... 202
　　　8.1.5 知识总结——表达式的
　　　　　　类型 .......................................... 202
　8.2 创建抑制表达式 ............................... 203
　　　8.2.1 案例介绍及知识要点 ............... 203
　　　8.2.2 操作步骤 .................................. 203
　　　8.2.3 知识总结——抑制表达式 ....... 206
　8.3 创建部件族 ....................................... 207
　　　8.3.1 案例介绍及知识要点 ............... 207
　　　8.3.2 操作步骤 .................................. 207
　　　8.3.3 知识总结——部件族 ............... 209
　8.4 实战练习 ........................................... 209
　　　8.4.1 建模分析 .................................. 210
　　　8.4.2 操作步骤 .................................. 210

8.5 上机练习 .......................... 215

## 第9章 装配建模 .......................... 216

9.1 新建引用集 .......................... 216
    9.1.1 案例介绍及知识要点 .......... 216
    9.1.2 操作步骤 .......................... 216
    9.1.3 知识总结——引用集的
           概念 .......................... 218

9.2 从底向上设计方法 .................. 219
    9.2.1 案例介绍及知识要点 .......... 219
    9.2.2 操作步骤 .......................... 219
    9.2.3 知识总结——术语定义 ...... 224
    9.2.4 知识总结——将已有
           零部件添加到装配中 .......... 225
    9.2.5 知识总结——在装配中
           定位组件 .......................... 226
    9.2.6 装配导航器 ...................... 229

9.3 创建组件阵列 ...................... 231
    9.3.1 案例介绍及知识要点 .......... 231
    9.3.2 操作步骤 .......................... 231

9.4 WAVE 技术及装配上下文设计 ...... 236
    9.4.1 案例介绍及知识要点 .......... 237
    9.4.2 操作步骤 .......................... 237
    9.4.3 知识总结——自顶向下
           设计方法 .......................... 240
    9.4.4 知识总结——WAVE 几何
           链接技术 .......................... 241

9.5 上机练习 .......................... 241

## 第10章 工程图的构建 .......................... 244

10.1 添加基本视图和投影视图 ...... 244
    10.1.1 案例介绍及知识要点 ...... 244
    10.1.2 操作步骤 ...................... 244
    10.1.3 步骤点评 ...................... 246
    10.1.4 知识总结——主模型的概念
           (Master Model Concept) ...... 246
    10.1.5 知识总结——工程图的
           管理 .......................... 247

10.2 创建局部放大视图 .................. 249
    10.2.1 案例介绍及知识要点 ...... 249
    10.2.2 操作步骤 ...................... 249

10.3 创建断开视图 ...................... 249
    10.3.1 案例介绍及知识要点 ...... 249
    10.3.2 操作步骤 ...................... 250

10.4 定义视图边界——
        创建局部视图 ...................... 251
    10.4.1 案例介绍及知识要点 ...... 251
    10.4.2 操作步骤 ...................... 252

10.5 视图相关编辑 ...................... 253
    10.5.1 案例介绍及知识要点 ...... 253
    10.5.2 操作步骤 ...................... 253
    10.5.3 知识总结——
           视图相关编辑 .................. 254

10.6 创建全剖视图 ...................... 255
    10.6.1 案例介绍及知识要点 ...... 255
    10.6.2 操作步骤 ...................... 255
    10.6.3 知识总结——
           创建剖视图 .................. 257

10.7 创建阶梯剖视图、阶梯轴
        测剖视图 .......................... 258
    10.7.1 案例介绍及知识要点 ...... 258
    10.7.2 操作步骤 ...................... 258

10.8 创建半剖视图 ...................... 260
    10.8.1 案例介绍及知识要点 ...... 260
    10.8.2 操作步骤 ...................... 260

10.9 创建旋转剖视图 .................. 262
    10.9.1 案例介绍及知识要点 ...... 262
    10.9.2 操作步骤 ...................... 262

10.10 创建展开剖视图 .................. 263
    10.10.1 案例介绍及知识要点 ...... 263
    10.10.2 操作步骤 ...................... 263

10.11 创建局部剖视图 .................. 265
    10.11.1 案例介绍及知识要点 ...... 265
    10.11.2 操作步骤 ...................... 265

10.12 装配图剖视 ...................... 266
    10.12.1 案例介绍及知识要点 ...... 266
    10.12.2 操作步骤 ...................... 266

10.13 创建中心线 ...................... 269

10.13.1 案例介绍及知识要点 ......... 269
10.13.2 操作步骤 ......... 269
10.14 创建尺寸标注 ......... 271
10.14.1 案例介绍及知识要点 ......... 271
10.14.2 操作步骤 ......... 272
10.15 创建文本注释 ......... 274
10.15.1 案例介绍及知识要点 ......... 274
10.15.2 操作步骤 ......... 275
10.16 创建形位公差标注 ......... 276
10.16.1 案例介绍及知识要点 ......... 276
10.16.2 操作步骤 ......... 276
10.17 标注表面粗糙度符号 ......... 278
10.17.1 案例介绍及知识要点 ......... 278
10.17.2 操作步骤 ......... 279
10.18 建立模板 ......... 280
10.18.1 案例介绍及知识要点 ......... 280
10.18.2 操作步骤 ......... 281
10.19 实战练习 ......... 286
10.19.1 建模分析 ......... 286
10.19.2 操作步骤 ......... 287
10.20 上机练习 ......... 290

附录A 考试指导 ......... 292
附录B 样卷 ......... 334
参考文献 ......... 339

# 第 1 章  UG NX 设计基础

UG NX CAD 作为 Windows 平台下的三维机械设计软件，完全溶入了 Windows 软件使用方便和操作简单的特点，其强大的设计功能完全可以满足机械产品的设计需要。

## 1.1 设计入门

### 1.1.1 案例介绍及知识要点

建立如图 1.1 所示的垫块。

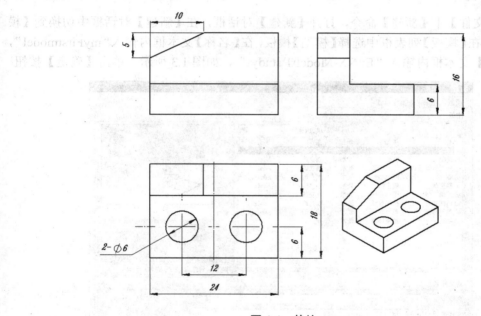

图 1.1  垫块

知识点：

- 了解用户界面。
- 掌握零件设计的基本操作。
- 理解部件导航器。

### 1.1.2 建模分析

建立模型时，首先由体素体征块 1 和拉伸体 2 求和建立毛坯，打孔 3 完成粗加工，倒角 4 完成精加工，如图 1.2 所示。

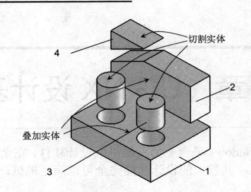

图 1.2 建模分析

1—体征块；2—拉伸体；3—打孔；4—倒角

### 1.1.3 操作步骤

**1. 新建文件**

选择【文件】|【新建】命令，打开【新建】对话框，在【新建】对话框中切换到【模型】选项卡，在【模板】列表框中选择【模型】模板，在【名称】文本框内输入"myFirstmodel"，在【文件夹】文本框内输入"E:\NX-Model\1\study\"，如图 1.3 所示，单击【确定】按钮。

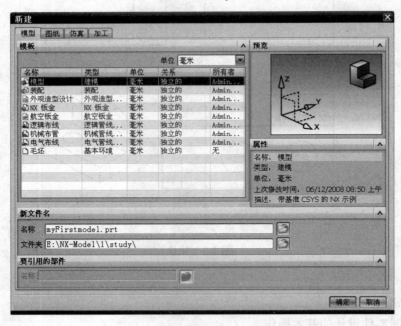

图 1.3 【新建】对话框

**2. 创建毛坯**

(1) 选择【插入】|【设计特征】|【长方体】命令，打开【长方体】对话框，在【长度】文本框中输入"18"，在【宽度】文本框中输入"24"，在【高度】文本框中输入"6"，单击【确定】按钮，在坐标系原点(0, 0, 0)创建长方体，如图 1.4 所示。

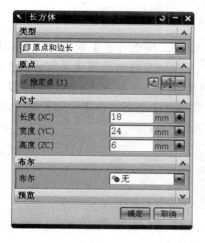
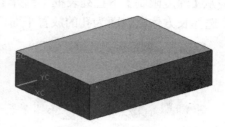

图 1.4 创建长方体

(2) 选择【插入】|【设计特征】|【拉伸】命令，出现【拉伸】对话框，在【选择意图】工具条中设置曲线规则：单条曲线。在【截面】组中激活【选择曲线】，选择长方体后边为拉伸的边；在【限制】组中，从【开始】下拉列表框中选择【值】选项，在【距离】文本框中输入"0"。从【结束】下拉列表框中选择【值】选项，在【距离】文本框中输入"10"。在【偏置】组中，从【偏置】下拉列表框中选择【两侧】选项，在【开始】文本框中输入"0"，在【结束】文本框中输入"6"；在【布尔】组中，从【布尔】下拉列表框中选择【求和】选项，如图 1.5 所示，单击【确定】按钮。

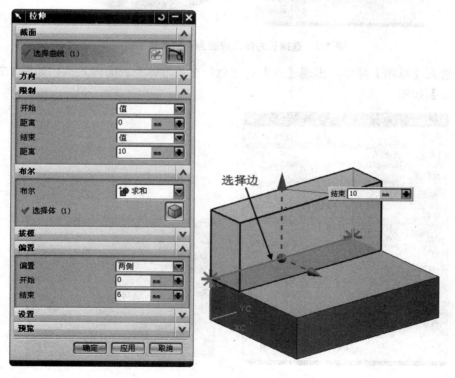

图 1.5 创建拉伸体

## 3. 创建粗加工特征

(1) 选择【插入】|【设计特征】|【孔】命令，出现【孔】对话框，使用默认类型为【常规孔】；在【方向】组中，从【孔方向】下拉列表框中选择【垂直于面】选项；在【形状和尺寸】组中，从【成形】下拉列表框中选择【简单】选项，在【直径】文本框中输入"6"，从【深度限制】下拉列表框中选择【贯通体】选项；在【位置】组中，单击【草图】按钮，选择长方体上表面为孔的放置平面，如图1.6所示。

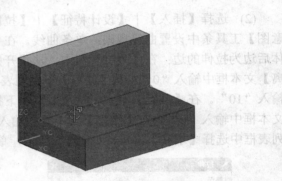

图1.6　选择长方体上表面为孔的放置平面

(2) 进入【草图】环境，出现【点】对话框，在长方体上表面输入点，如图1.7所示，单击【确定】按钮。

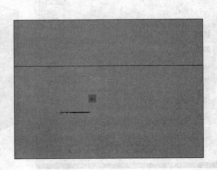

图1.7　确定点

(3) 单击【草图工具】栏上的【自动判断的尺寸】按钮，标注尺寸，如图 1.8 所示，单击【完成草图】按钮，单击【孔】对话框中的【确定】按钮完成孔的创建。

4. 关联复制操作

(1) 选择【插入】|【关联复制】|【镜像特征】命令，出现【镜像特征】对话框，在【相关特征】组的候选特征列表中选择【简单孔】；在【镜像平面】组中，从【平面】下拉列表框中选择【新平面】选项，如图 1.9 所示。

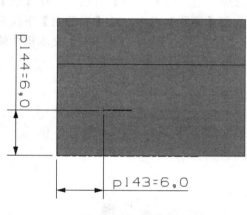

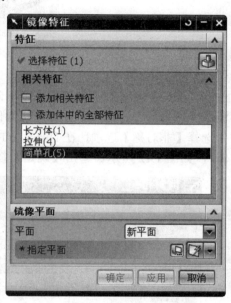

图 1.8 标注尺寸　　　　　图 1.9 【镜像特征】对话框

(2) 单击【平面构造器】按钮，出现【平面】对话框，选择模型两端面，推断建立新平面，如图 1.10 所示，单击【确定】按钮。

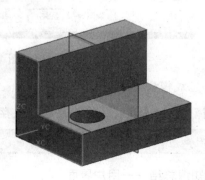

图 1.10 建立新平面

(3) 返回【镜像特征】对话框，单击【确定】按钮，建立镜像特征，如图 1.11 所示。

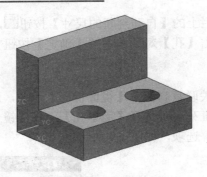

图 1.11 完成镜像特征

5. 创建精加工特征

选择【插入】|【细节特征】|【倒斜角】命令,出现【倒斜角】对话框,在【边】组中激活【选择边】,选择拉伸体左边为倒角边;在【偏置】组中,从【横截面】下拉列表框中选择【非对称】选项,在 Distance 1 文本框中输入"10",在【距离 2】文本框中输入"5",如图 1.12 所示,单击【确定】按钮,完成倒斜角的创建。

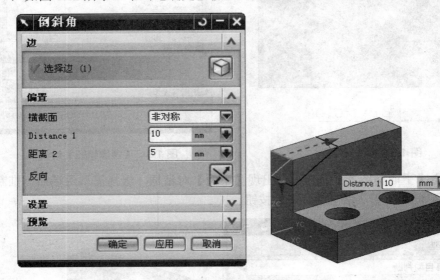

图 1.12 倒斜角

6. 完成模型

选择【文件】|【保存】命令,保存文件。

**注意**:用户应该经常保存所做的工作,以免产生异常时丢失数据。

### 1.1.4 知识总结——用户界面

UG NX 是 Windows 系统下开发的应用程序,其用户界面以及许多操作和命令都与 Windows 应用程序非常相似,无论用户是否对 Windows 有经验,都会发现 UG NX 的界面和命令工具是非常容易掌握的,如图 1.13 所示。

第 1 章　UG NX 设计基础

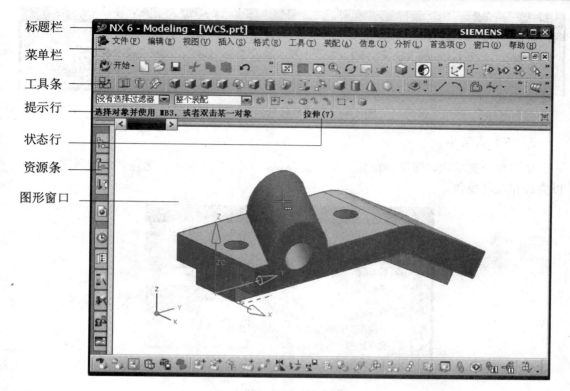

图 1.13　UG NX 的用户界面

　　UG NX 的工作界面主要包括标题栏、菜单栏、工具条、提示行、状态行、资源条和图形窗口。

　　菜单栏包含了 NX 软件的所有功能命令。系统将所有的命令及设置选项予以分类，分别放置在不同的菜单项中，以方便用户的查询及使用。

　　NX 环境中还包含了丰富的操作功能图标，它们按照不同的功能分布在不同的工具图标栏中。每个工具图标栏中的图标按钮都对应着不同的命令，而且图标按钮都以图形的方式直观地表现了该命令的功能，当鼠标指针放在某个图标按钮上时，系统还会显示出该操作功能的名称，这样可以免去用户在菜单中查找命令的工作，更方便用户的使用。

　　提示栏的作用主要是提示用户如何操作。执行每个命令时，系统都会在提示栏中显示用户必须执行的动作，或者提示用户下一个动作。状态栏主要用来显示系统或图形的当前状态。

1．主菜单栏

　　在未打开文件之前，先观察主菜单状况；然后在建立或打开文件后，再次观察主菜单栏状况，会发现菜单栏中增加了【编辑】、【插入】、【格式】和【分析】等菜单项，如图 1.14 所示。

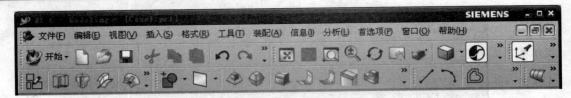

图 1.14 打开文件后的主菜单栏

**2. 下拉式菜单**

单击每个菜单项,即可弹出相应的下拉菜单,如图 1.15 所示。选择并单击所需命令可以完成相应的操作。

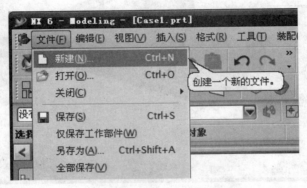

图 1.15 下拉式菜单

**3. 浮动工具条**

在工具条的横线或空白处按住鼠标左键并拖动鼠标,可拖动工具条到所需位置(UG NX 的工具条都是浮动的,可由使用者任意调整到所需位置),如图 1.16 所示。

图 1.16 浮动工具条安放位置示例

**4. 快捷菜单**

将鼠标指针放在工作区任何一个位置,单击鼠标右键,即可出现快捷菜单,如图 1.17

所示。

5. 推断式弹出菜单

推断式弹出菜单提供了另一种访问选项的方法。当单击鼠标右键时，会根据选择的内容在指针附近显示推断式弹出菜单(最多 8 个图标)，如图 1.18 所示。这些图标包括了经常使用的功能和选项，可以像从菜单中选择一样选择它们。

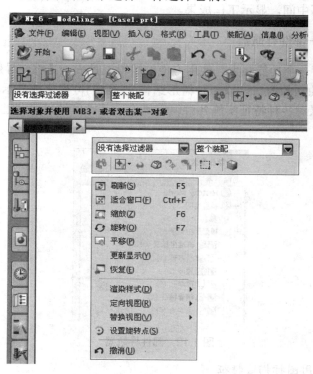

图 1.17　快捷菜单

图 1.18　推断式弹出菜单

6. 资源条

资源条可利用很小的用户界面空间将许多页面组合在一个公用区中。NX 将所有导航器窗口、历史记录资源板、集成 Web 浏览器和部件模板都放在资源条中。在默认情况下，系统将资源条置于 NX 窗口的左侧，如图 1.13 所示。

7. 提示栏

提示栏显示在 NX 主窗口的底部或顶部，主要用来提示用户如何操作。执行每个命令步骤时，系统都会在提示栏显示关于用户必须执行的动作，或者提示用户下一个动作。

8. 状态栏

状态栏主要用来显示系统及图元的状态，给用户可视化的反馈信息。

9. 工作区

工作区处于屏幕中间，显示工作成果。

### 1.1.5 知识总结——部件导航器

UG NX 提供了一个功能强大、使用方便的编辑工具——【部件导航器】，如图 1.19 所示。它通过一个独立的窗口，以一种树形结构(特征树)可视化地显示模型中特征与特征之间的关系，并可以对各种特征实施各种编辑操作，其操作结果可通过图形窗口中模型的更新显示出来。

图 1.19 部件导航器

1. 在特征树中用图标描述特征

- ⊞、⊟：分别表示以折叠或展开方式显示特征。
- ☑：表示在图形窗口中显示特征。
- ☐：表示在图形窗口中隐藏特征。
- 等：在每个特征名前面，以彩色图标形象地表明特征的类别。

2. 在特征树中选取特征

- 选择单个特征：直接在特征名上单击鼠标左键。
- 选择多个特征：选取连续的多个特征时，单击鼠标左键选取第一个特征，在连续的最后一个特征上按住 Shift 键的同时单击鼠标左键；或者选取第一个特征后，按住 Shift 键的同时移动光标来选择连续的多个特征。选择非连续的多个特征时，单击鼠标左键选取第一个特征，按住 Ctrl 键的同时在要选择的特征名上单击鼠标左键。
- 从选定的多个特征中排除特征：按住 Ctrl 键的同时在要排除的特征名上单击鼠标左键。

3. 编辑操作快捷菜单

利用【部件导航器】编辑特征，主要是通过操作其快捷菜单来实现的。右键单击要编辑的某特征名，将弹出其对应的快捷菜单。

### 1.1.6 知识总结——文件操作

文件操作主要包括建立新文件、打开文件、保存文件和关闭文件，这些操作可以通过【文件】下拉菜单或者【标准】工具条来完成。

1. 新建文件

(1) 选择【文件】|【新建】命令或单击【标准】工具条上的【新建】按钮，出现【新建】对话框，如图1.3所示。

(2) 在【新建】对话框中，切换到所需模板类型所在的选项卡(例如，模型或图纸)，在模板列表框中单击所需的模板。

(3) 在【名称】文本框中输入新的名称。

(4) 在【文件夹】文本框中输入指定的目录，或单击【浏览】按钮以选择目录。

(5) 选择单位为毫米。

(6) 完成定义新部件文件后，单击【确定】按钮。

2. 打开文件

(1) 选择【文件】|【打开】命令或单击【标准】工具条上的【打开】按钮，出现【打开】对话框，如图1.20所示。

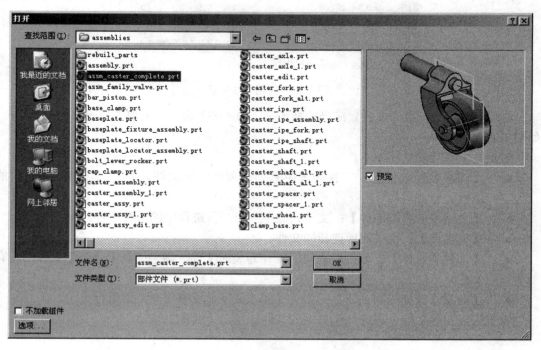

图1.20 【打开】对话框

(2) 在【打开】对话框中可以显示所选部件文件的预览图像,以免打开错误的部件文件。双击要打开的文件,或从文件列表框中选择文件并单击 OK 按钮。

(3) 如果知道文件名,可以在【文件名】文本框中输入部件名称,然后单击 OK 按钮。如果 NX 不能找到该部件名称,则会显示一条出错消息。

3．保存文件

保存文件时,即可以保存当前文件,也可以另存文件,还可以保存显示文件或对文件实体数据进行压缩。

选择【文件】|【保存】命令或单击【标准】工具条上的【保存】按钮,直接对文件进行保存。

4．关闭文件

(1) 完成建模工作以后,需要将文件关闭,以保证所做工作不会被系统意外修改。选择【文件】|【关闭】命令下的相应命令可以关闭文件,如图 1.21 所示。

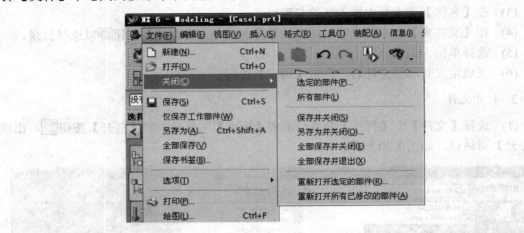

图 1.21　关闭文件菜单

(2) 如果要关闭某个文件,应当选择【选定的部件】命令,出现【关闭部件】对话框,如图 1.22 所示。

对话框中各功能选项如下。

- 【顶级装配部件】:文件列表中只列出顶级装配文件,而不列出装配中包含的组件。
- 【会话中的所有部件】:文件列表中列出当前进程中的所有文件。
- 【仅部件】:仅关闭所选择的文件。
- 【部件和组件】:如果所选择的文件为装配文件,则关闭属于该装配文件的所有文件。
- 【如果修改则强制关闭】:如果文件在关闭前没有保存,则强行关闭。

设置完以上各功能,再选择要关闭的文件,单击【确定】按钮。

图 1.22 【关闭部件】对话框

### 1.1.7 知识总结——鼠标与键盘的使用

1. NX 的鼠标操作

NX 支持 2 键和 3 键鼠标。以 3 键鼠标为例，其操作方法如下。

1) 左键(MB1)
- 单击左键用于选择图中的对象或选择菜单项。
- 双击左键相当于进行功能操作后按 Enter 键确定。

2) 中键(MB2)
- 单击中键相当于按 Enter 键确定。
- 如果为滑轨式，滑动中键可以对图形进行实时缩放。
- 在图形区按住中键并拖动，可以旋转视图。

3) 右键(MB3)

在不同的区域位置单击右键，可以弹出相应的快捷菜单，方便实时操作。

2. NX 键盘上的功能键

- F5——刷新。
- F6——窗口缩放。
- F7——图形旋转。
- F8——定向于图形最接近的标准视图。
- Home——图形以三角轴测图显示。
- End——图形以等轴测图显示。
- Ctrl+D/Delete——删除。
- Ctrl+Z ——取消上一步操作。
- Ctrl+B——隐藏。

- Ctrl+Shift+B——互换显示与隐藏。
- Ctrl+J——改变图形的图层、颜色及线型等。
- Ctrl+Shift+J——预设置图形的图层、颜色及线型等。
- Shift+MB1——取消已选取的某个图形。
- Shift+MB2/MB2+MB3：平移图形。
- Ctrl+MB2/MB1+MB2：放大/缩小。

## 1.2 视图的运用

在设计过程中，需要经常改变视角来观察模型，调整模型以线框图或着色图来显示。有时也需要将多幅视图结合起来分析，因此观察模型不仅与视图有关，也和模型的位置、大小相关。观察模型常用的方法有放大、缩小、旋转、平移等，而多幅视图是通过【布局】选项来实现的。

NX 软件中观察模型的常用方法有 3 种：
- 直接在【视图】工具条中单击需要的视图按钮。
- 在绘图区中单击鼠标右键，在弹出的快捷菜单中选择需要的命令。
- 直接利用鼠标中键的功能观察模型。

### 1.2.1 观察模型的方法

在设计中常常需要通过观察模型来粗略检查模型设计是否合理，NX 软件提供的视图功能能让设计者方便、快捷地观察模型。【视图】工具条如图 1.23 所示。

图 1.23 【视图】工具条

### 1.2.2 模型的显示方式

在【视图】工具条中，单击【着色】按钮右边的下三角按钮，可以弹出【视图着色】下拉菜单，各种常用着色的效果图如图 1.24 所示。

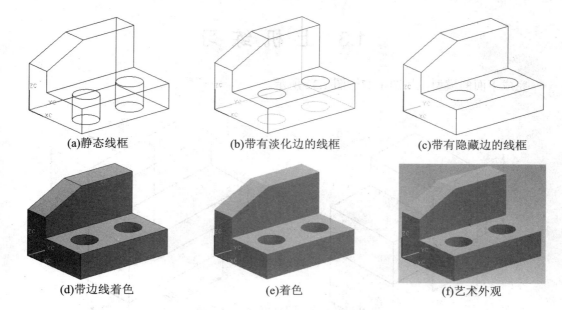

图 1.24　各种常用着色的效果图

## 1.2.3　模型的查看方向

在【视图】工具条中，单击【等轴测】按钮右边的下三角按钮，可以弹出【视图显示】下拉菜单，如图 1.25 所示。利用其中的【顶部视图】、【前视图】、【底部视图】、【左视图】、【右视图】命令可分别得到 5 个基本视图方向的视觉效果，如图 1.26 所示。

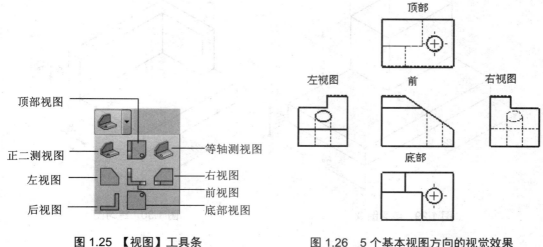

图 1.25　【视图】工具条

图 1.26　5 个基本视图方向的视觉效果

## 1.3 上机练习

完成下面的模型，如图1.27～图1.32所示。

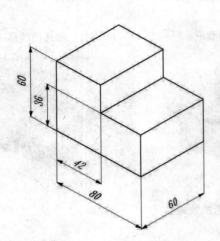

图1.27 练习图1

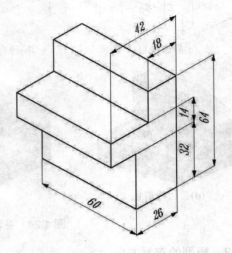

图1.28 练习图2

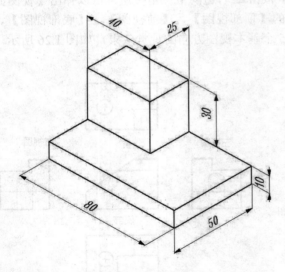

图1.29 练习图3

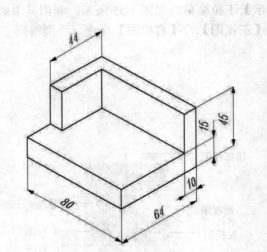

图1.30 练习图4

# 第 1 章 UG NX 设计基础

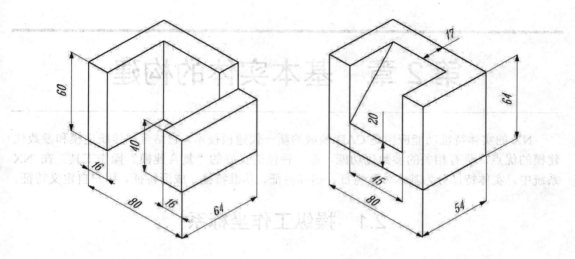

图 1.31 练习图 5　　　　　图 1.32 练习图 6

# 第 2 章  基本实体的构建

NX 的实体特征功能应用是 CAD 领域的新一代建模技术，它结合了传统建模和参数化建模的优点，具有相关的参数化功能，是一种性能良好的"复合建模"操作工具。在 NX 系统中，实体特征分为基本体素特征、扫描特征、基准特征、成形特征、用户自定义特征。

## 2.1  操纵工作坐标系

### 2.1.1  案例介绍及知识要点

在图 2.1 所示的模型上，实现操纵工作坐标系(WCS)的各种方法。

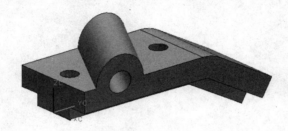

图 2.1  WCS

知识点：
- 掌握 NX 的常用工具：点构造器、矢量构造器、坐标系构造器等。
- 掌握操纵工作坐标系的各种方法。

### 2.1.2  操作步骤

1. 打开文件

打开实例文件"\NX6\2\Study\wcs.prt"。

2. 移动工作坐标系

(1) 选择【格式】|WCS|【动态】命令或单击【实用工具】工具条上的【WCS 动态】按钮 。

(2) 选择平移手柄，出现动态输入框，输入距离，如图 2.2 所示。

(3) 在【距离】文本框中输入"-40"并按 Enter 键。WCS 的原点不变，坐标系绕沿 ZC 轴负方向平移了 40mm，如图 2.3 所示。

第 2 章 基本实体的构建

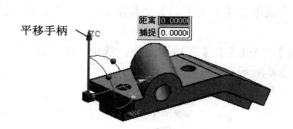

图 2.2 出现动态输入框

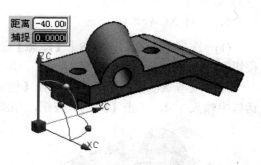

图 2.3 移动工作坐标系

3. 改变工作坐标系的原点

(1) 选择【格式】|WCS|【动态】命令或单击【实用工具】工具条上的【WCS 动态】按钮 。

(2) 确保【启用捕捉点】工具条中的【控制点】按钮 是激活的，如图 2.4 所示。

(3) 选择上顶面边缘的中点，单击鼠标左键，如图 2.5 所示。

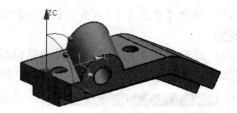

图 2.4 【启用捕捉点】工具条

图 2.5 选择上顶面边缘的中点

(4) 单击鼠标中键。

4. 旋转工作坐标系

(1) 选择【格式】|WCS|【动态】命令或单击【实用工具】工具条上的【WCS 动态】按钮 。

(2) 选择旋转手柄，出现动态输入框，要求输入一角度或捕捉角，如图 2.6 所示。

(3) 在【角度】文本框中输入"70"并按 Enter 键。WCS 的原点不变，坐标系绕 XC 轴旋转了 70 度，如图 2.7 所示。

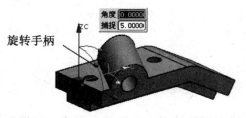

图 2.6 出现动态输入框

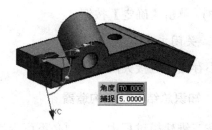

图 2.7 旋转工作坐标系

(4) 单击鼠标中键。

### 5. 反转 XC 轴方向

(1) 选择【格式】|WCS|【动态】命令或单击【实用工具】工具条上的【WCS 动态】按钮。

(2) 双击 XC 轴的手柄，或选择【格式】|WCS|【旋转】命令，选中+XC，并在对话框中输入 180，单击【确定】按钮，如图 2.8 所示。

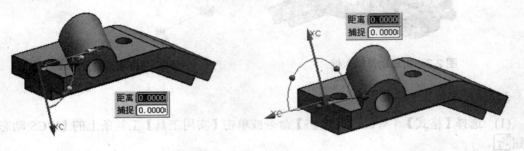

图 2.8　反转 XC 轴方向

### 6. 改变 WCS 的方位

(1) 选择【格式】|WCS|【动态】命令或单击【实用工具】工具条上的【WCS 动态】按钮。

(2) 选择 XC 手柄，再单击【矢量构造器】按钮，出现【矢量】对话框，单击【两点】按钮，在图形区选取两点，如图 2.9 所示。

 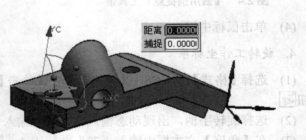

图 2.9　改变 XC 方向

(3) 单击【确定】按钮。

### 7. 关闭文件

不存储，直接关闭文件。

## 2.1.3　知识总结——点构造器

在三维建模过程中，一项必不可少的工作是确定模型的尺寸与位置。而【点构造器】就是用来确定三维空间位置的一个基础的和通用的工具。

【点构造器】对话框及其选项功能如图 2.10 所示。

# 第 2 章 基本实体的构建

图 2.10 【点】对话框

点的捕捉方式有：自动判断的点、光标点、现有点、端点、控制点、交点、圆弧中心/椭圆中心/球心、圆弧/椭圆上的角度、象限点、点在曲线/边上、两点之间。

在【点】对话框中，有设置点坐标的 XC、YC、ZC 三个文本框。用户可以直接在文本框中输入点的坐标值，单击【确定】按钮，系统会自动按照输入的坐标值生成点。

> **提示**：相对于 WCS——指定点相对于工作坐标系(WCS)。
> 绝对——指定相对于绝对坐标系的点。

## 2.1.4 知识总结——矢量构造器

很多建模操作都要用到矢量，用以确定特征或对象的方位。如圆柱体或圆锥体的轴线方向，拉伸特征的拉伸方向、旋转扫描特征的旋转轴线、曲线投影方向、拔斜度方向等。要确定这些矢量，都离不开矢量构造器。

矢量构造器的所有功能都集中体现在【矢量】对话框中，如图 2.11 所示。

用户可以用以下 15 种方式构造一个矢量：自动判断的矢量、两点、与 XC 轴成一角度、边/曲线矢量、在曲线矢量上、面的法向、平面法向、基准轴、XC 轴、YC 轴、ZC 轴、XC 轴、YC 轴、ZC 轴和按系数。

> **说明**：单击【矢量方向】按钮，即可在多个可选择的矢量之间切换。

矢量操作通常出现在创建其他特征时需要指定方向的时候，此时系统将调出矢量构造器创建矢量。

图 2.11 【矢量】对话框

### 2.1.5 知识总结——工作坐标系

坐标系主要用来确定特征或对象的方位。在建模与装配过程中经常需要改变当前工作坐标系,以提高建模速度。

NX 系统中用到的坐标系主要有两种形式,分别为绝对坐标系 ACS(Absolute Coordinate System)和工作坐标系 WCS(Work Coordinate System),它们都遵守右手螺旋法则。

- 绝对坐标系 ACS 也称模型空间,是系统默认的坐标系,其原点位置和各坐标轴线的方向永远保持不变。
- 工作坐标系 WCS 是系统提供给用户的坐标系,也是经常使用的坐标系,用户可以根据需要任意移动和旋转,也可以设置属于自己的工作坐标系。

1. 改变工作坐标系原点

选择【格式】|WCS|【原点】命令后,出现【点】对话框,提示用户构造一个点。指定一点后,当前工作坐标系的原点就移到指定点的位置。

2. 动态改变坐标系

选择【格式】|WCS|【动态】命令后,当前工作坐标系如图 2.12 所示。从图上可以看出,共有 3 种动态改变坐标系的标志,即原点、移动手柄和旋转手柄,对应的有 3 种动态改变坐标系的方式。

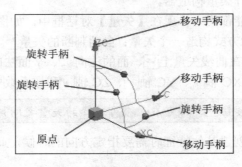

图 2.12 工作坐标系临时状态

(1) 用鼠标选取原点，其方法如同改变坐标系原点。

(2) 用鼠标选取移动手柄，比如 ZC 轴上的，则显示如图 2.13 所示的非模式文本框。这时既可以在距离文本框中通过直接输入数值来改变坐标系，也可以通过按住鼠标左键沿坐标轴拖动坐标系。在拖动坐标系的过程中，为便于精确定位，可以设置捕捉单位如 5.0，这样，每隔 5.0 个单位距离，系统自动捕捉一次。

(3) 用鼠标选取旋转手柄，比如 XC-YC 平面内的，则显示如图 2.14 所示的非模式文本框。这时既可以在角度文本框中通过直接输入数值来改变坐标系，也可以通过按住鼠标左键在屏幕上旋转坐标系。在旋转坐标系的过程中，为便于精确定位，可以设置捕捉单位如 5.0，这样，每隔 5.0 个单位角度，系统自动捕捉一次。

图 2.13 移动非模式文本框

图 2.14 旋转非模式文本框

### 3. 旋转工作坐标系

选择【格式】|WCS|【旋转】命令后，出现旋转工作坐标系对话框，如图 2.15 所示。选择任意一个旋转轴，在【角度】文本框中输入旋转角度值，单击【确定】按钮，可实现旋转工作坐标系。旋转轴是 3 个坐标轴的正、负方向，旋转方向的正向由右手螺旋法则确定。

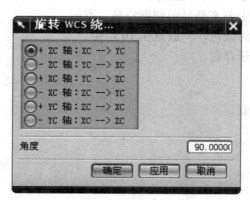

图 2.15 旋转工作坐标系对话框

### 4. 更改 XC 方向

选择【格式】|WCS|【更改 XC 方向】命令后，出现【点】对话框，提示用户指定一点(不得为 ZC 轴上的点)，则原点与指定点在 XC-YC 平面的投影点的连线为新的 XC 轴。

#### 5. 改变 YC 方向

选择【格式】|WCS|【更改 YC 方向】命令后，出现【点】对话框，提示用户指定一点(不得为 ZC 轴上的点)，则原点与指定点在 XC-YC 平面的投影点的连线为新的 YC 轴。

#### 6. 显示

选择【格式】|WCS|【显示】命令，可以控制图形窗口中工作坐标系的显示与隐藏属性。

#### 7. 保存

选择【格式】|WCS|【保存】命令，可以将当前坐标系保存下来，以后可以引用。

## 2.2 建立基本体素

### 2.2.1 案例介绍及知识要点

(1) 建立一个 100×100×100 的长方体，位置位于 X=50，Y=50，Z=0 处。
(2) 在四个角处各建立一个直径为 20、高为 100 的圆柱，并做布尔差的运算。
(3) 在长方体的顶面中心建一个圆锥，顶部直径=50，底部直径=25，高度=25，做布尔和的运算。
(4) 用 4 种方法编辑圆锥的直径，由 60 改为 40。
- 在导航器中的目录树上找到圆锥的特征，双击。
- 在导航器中的目录树上找到圆锥的特征，右击，选择快捷菜单中的【编辑参数】命令。
- 在导航器中的目录树上找到圆锥的特征，在细节栏编辑参数。
- 在实体上直接选中并高亮显示圆锥特征，双击。

(5) 将本实例颜色改为绿色，并放置在 10 层中。
(6) 该实例等轴测显示存盘。

知识点：
- 掌握运用基本体素。
- 掌握布尔操作。
- 掌握层。

### 2.2.2 操作步骤

#### 1. 新建文件

新建文件"\NX6\2\Study\Case2.prt"。

#### 2. 创建长方体

选择【插入】|【设计特征】|【长方体】命令，出现【长方体】对话框，选择【原点和边长】类型，单击【点构造器】按钮，出现【点】对话框，在【坐标】选项卡的 XC

# 第 2 章 基本实体的构建

文本框中输入"50"，YC 文本框中输入"50"，ZC 文本框中输入"0"，单击【确定】按钮；在【尺寸】选项卡中的【长度】文本框中输入"100"，【宽度】文本框中输入"100"，【高度】文本框中输入"100"，单击【确定】按钮，创建长方体，如图 2.16 所示。

3. 创建圆柱

选择【插入】|【设计特征】|【圆柱】命令，出现【圆柱】对话框，选择【轴、直径和高度】类型，采用默认矢量方向，选择边角为基点，在【尺寸】选项卡的【直径】文本框中输入"20"，【高度】文本框中输入"100"，单击【确定】按钮，创建圆柱，如图 2.17 所示。按照同样的方法创建其余 3 个圆柱。

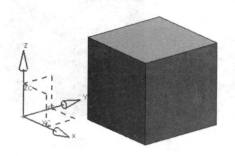

图 2.16　创建的长方体

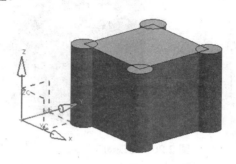

图 2.17　创建的 4 个圆柱

4. 求差

选择【插入】|【组合体】|【求差】命令，出现【求差】对话框，在【目标】组中单击【选择体】，在图形区选取长方体，在【刀具】组中单击【选择体】，在图形区选取 4 个圆柱，单击【确定】按钮，如图 2.18 所示。

5. 重新定位 WCS

(1) 选择【格式】| WCS |【动态】命令或单击【实用工具】工具条上的【WCS 动态】按钮，选择上顶面边缘的中点，单击鼠标左键，如图 2.19 所示。

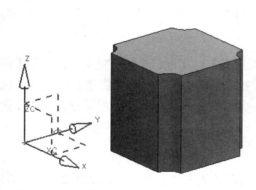

图 2.18　求差结果

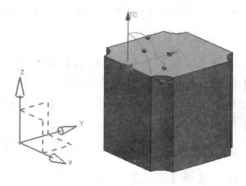

图 2.19　改变工作坐标系的原点

(2) 选择平移手柄，出现动态输入框，在【距离】文本框中输入"50"并按 Enter 键，如图 2.20 所示，单击鼠标左键。

6. 创建圆锥

选择【插入】|【设计特征】|【圆锥】命令，出现【圆锥】对话框，选择【直径和高度】类型，采用默认矢量方向，默认基点，在【尺寸】选项卡的【顶部直径】文本框中输入"25"，【底部直径】文本框中输入"50"，【高度】文本框中输入"25"，单击【确定】按钮，创建如图 2.21 所示的圆锥。

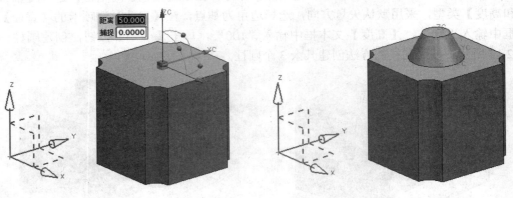

图 2.20　出现动态输入框　　　　　　　　图 2.21　创建的圆锥

7. 求和

选择【插入】|【组合体】|【求和】命令，出现【求和】对话框，在【目标】组中单击【选择体】，在图形区选取长方体；在【刀具】组中单击【选择体】，在图形区选取圆锥，单击【确定】按钮，完成求和。

用 4 种方法编辑圆锥的直径，由 50 改为 40。

- 在导航器中的目录树上找到球的特征，双击。
- 在导航器中的目录树上找到球的特征，单击右键，在弹出的快捷菜单中选择【编辑参数】命令。
- 在导航器中的目录树上找到球的特征，在细节栏编辑参数。
- 在实体上直接选中并高亮显示球特征，双击。

8. 设置对象颜色

选择【编辑】|【对象显示】命令，出现【类选择】对话框，选择所见实体，单击【确定】按钮，出现【编辑对象显示】对话框，在【基本】选项卡中单击【颜色】样板，出现【颜色】对话框，选择绿色，单击【确定】按钮，返回【编辑对象显示】对话框，单击【确定】按钮。

9. 设置层

(1) 选择【格式】|【移动至图层】命令，出现【类选择】对话框，如图 2.22 所示。
(2) 选择所见实体，单击【确定】按钮，出现【图层移动】对话框，在【目标图层或类别】文本框中输入"10"，如图 2.23 所示，单击【确定】按钮。

10. 查看信息

选择【信息】|【对象】命令，出现【类选择】对话框，选择所见实体，单击【确定】按钮，出现【信息】窗口，如图 2.24 所示。

图 2.22 　【类选择】对话框

图 2.23 　【图层移动】对话框

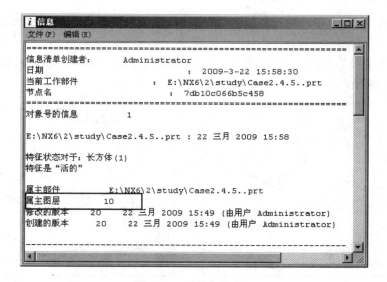

图 2.24 　【信息】窗口

### 2.2.3　知识总结——体素特征

所谓体素特征，指的是可以独立存在的规则实体，它可以用作实体建模初期的基本形状，具体包括长方体、圆柱体、圆锥体和球体 4 种。

1. 长方体

长方体：允许用户通过指定方位、大小和位置创建长方体体素。选择【插入】|【设

计特征】|【长方体】命令，出现【长方体】对话框，如图 2.25 所示。系统提供了 3 种创建长方体的方式。

- 原点、边长度：允许通过定义每条边的长度和顶点来创建长方体，如图 2.26 所示。

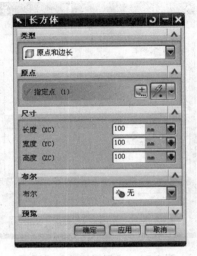

图 2.25 【长方体】对话框

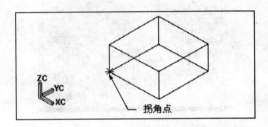

图 2.26 用原点、边长度创建长方体

- 两个点、高度：允许通过定义底面的高度和两个对角点来创建长方体，如图 2.27 所示。
- 两个对角点：允许通过定义两个代表对角点的 3D 体对角点来创建长方体，如图 2.28 所示。

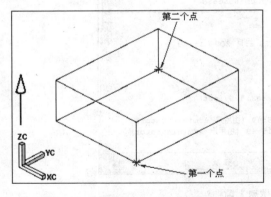

图 2.27 用两个点、高度创建长方体

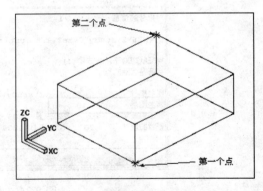

图 2.28 用两个对角点创建长方体

2. 圆柱体

圆柱体：允许用户通过指定方位、大小和位置创建圆柱体素。选择【插入】|【设计特征】|【圆柱体】命令，出现【圆柱】对话框，如图 2.29 所示。系统提供了两种创建圆柱的方式。

- 轴、直径和高度：允许通过指定方向矢量并定义直径和高度值来创建实体圆柱，如图 2.30 所示。

## 第 2 章 基本实体的构建

图 2.29 【圆柱】对话框

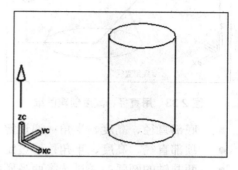

图 2.30 用轴、直径和高度创建圆柱

- 高度和圆弧：允许通过选择圆弧并输入高度值来创建圆柱，如图 2.31 所示。

3. 圆锥体

圆锥体：允许用户通过指定方位、大小和位置创建圆锥体素。选择【插入】|【设计特征】|【圆锥】命令，出现【圆锥】对话框，如图 2.32 所示。系统提供了 5 种创建圆锥的方式。

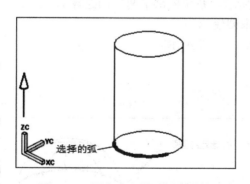

图 2.31 用高度和圆弧创建圆柱

图 2.32 【圆锥】对话框

- 直径和高度：通过定义底部直径、顶部直径和高度值来创建实体圆锥，如图 2.33 所示。
- 直径和半角：通过定义底部直径、顶部直径和半角的值来创建实体圆锥，如图 2.34 所示。

29

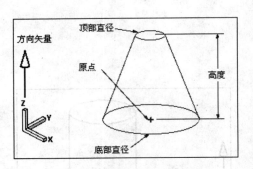
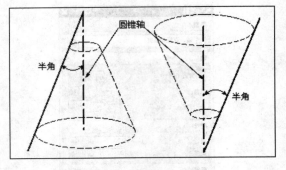

图 2.33　用直径、高度创建圆锥　　　　　图 2.34　用直径、半角创建圆锥

- 底部直径、高度、半角：通过定义底部直径、高度和半顶角值来创建圆锥实体。
- 顶部直径、高度、半角：通过定义顶部直径、高度和半顶角值来创建圆锥实体。
- 两共轴的圆弧：通过选择两条圆弧来创建圆锥实体，如图 2.35 所示。

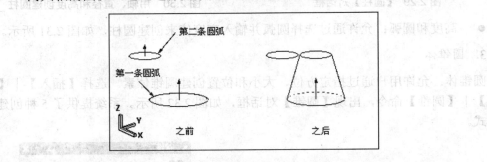

图 2.35　用两共轴的圆弧创建圆锥

4．球体

球体：允许用户通过指定方位、大小和位置创建球体素。选择【插入】|【设计特征】|【球】命令，出现【球】对话框，如图 2.36 所示。系统提供了两种创建球的方式。

- 直径，中心：通过定义直径值和中心来创建球。
- 选择圆弧：通过选择圆弧来创建球，如图 2.37 所示。

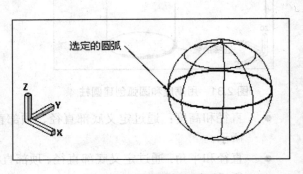

图 2.36　【球】对话框　　　　　　　　图 2.37　选择圆弧创建球

## 2.2.4 知识总结——布尔操作

布尔运算允许将原先存在的实体和(或)多个片体结合起来。可以在现有的体上应用以下布尔运算：求和 、求差 和求交 。

**1. 求和**

求和 可将两个或更多个工具实体的体积组合为一个目标体。目标体和工具体必须重叠或共享面，这样才会生成有效的实体。

求和的操作步骤如下。

(1) 选择【插入】|【组合体】|【求和】命令，出现【求和】对话框。在【目标】组中单击【选择体】，在图形区选取目标实体；在【刀具】组中单击【选择体】，在图形区选取一个或多个工具实体。

- 要保存未修改的目标体副本，在【设置】组中选中【保持目标】复选框。
- 要保存未修改的工具体副本，在【设置】组中选中【保持工具】复选框。

(2) 单击【确定】或【应用】按钮，创建目标体与工具体的体积组合，如图 2.38 所示。

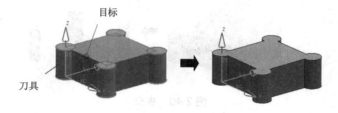

图 2.38 求和

**2. 求差**

求差 可从目标体中移除一个或多个工具体的体积，目标体必须为实体，工具体通常为实体。

求差的操作步骤如下。

(1) 选择【插入】|【组合体】|【求差】命令，出现【求差】对话框。在【目标】组中单击【选择体】选项，在图形区选取目标实体；在【刀具】组中单击【选择体】选项，在图形区选取一个或多个工具实体。

- 要保存未修改的目标体副本，在【设置】组中选中【保持目标】复选框。
- 要保存未修改的工具体副本，在【设置】组中选中【保持工具】复选框。

(2) 单击【确定】或【应用】按钮，创建从目标体减去 4 个工具体的体积组合，如图 2.39 所示。

**3. 求交**

求交 可创建包含目标体与一个或多个工具体的共享体积或区域的体。可以将实体与实体、片体与片体以及片体与实体相交，但不能将实体与片体相交。

求交的操作步骤如下。

(1) 选择【插入】|【组合体】|【求交】命令，出现【求交】对话框。在【目标】

组中单击【选择体】,在图形区选取目标实体;在【刀具】组中单击【选择体】,在图形区选取一个或多个工具实体。

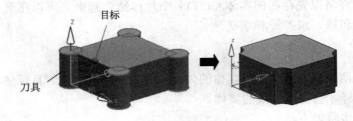

图 2.39  求差

- 要保存未修改的目标体副本,在【设置】组中选中【保持目标】复选框。
- 要保存未修改的工具体副本,在【设置】组中选中【保持工具】复选框。

(2) 单击【确定】或【应用】按钮,创建包含目标体和工具体的共享体积的相交体,如图 2.40 所示。

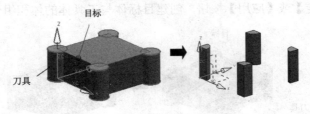

图 2.40  求交

4. 布尔错误报告

(1) 做布尔操作时,所选的工具实体必须与目标实体具有交集,否则在相减时会弹出出错消息提示框,如图 2.41 所示。

图 2.41  消息提示

(2) 当使用求差时,工具体的顶点或边可能不和目标体的顶点或边接触,因此,生成的体会有一些厚度为零的部分。如果存在零厚度,则会显示"非歧义实体"的出错信息,如图 2.42 所示。

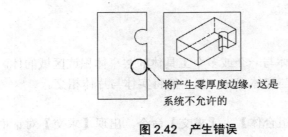

图 2.42  产生错误

第 2 章　基本实体的构建

**提示**：通过微小移动工具条(>建模距离公差)可以解决此故障。

### 2.2.5　知识总结——层操作

"层"的相关操作位于【格式】菜单和【实用工具】工具条上，如图 2.43 所示。

图 2.43　【格式】菜单和【实用工具】工具条

使用 NX 提供的层可以控制对象的可见性和可选性。

"层"是系统定义的一种属性，就像颜色、线型和线宽一样，是所有对象都有的。

#### 1. 层的设置

选择【格式】|【图层设置】命令，出现【图层设置】对话框，如图 2.44 所示，用于设置层状态。

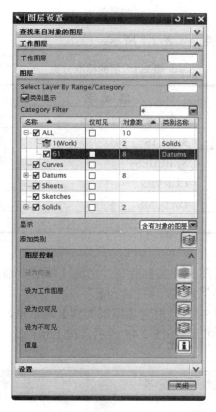

图 2.44　【图层设置】对话框

(1) 设置工作层。在【图层设置】对话框的【工作图层】文本框中输入层号(1~256),按 Enter 键,则该层变成工作层,原工作层变为可选层,单击【关闭】按钮,完成设置。

**提示**:设置工作层的最简单方法是在【实用工具】工具条的工作层列表框中直接输入层号并按 Enter 键。

(2) 显示。【图层】下拉列表框中显示的层可以是【所有图层】、【含有对象的图层】、【所有可选图层】和【所有可见图层】,如图 2.45 所示。

(3) 图层控制。在 NX 中,系统共有 256 层。其中第 1 层被作为默认工作层,256 层中的任何一层可以被设置为下面 4 种状态中的一种。

图 2.45 【图层】下拉列表框

- 设为可选——该层上的几何对象和视图是可选择的(必可见的)。
- 设为工作层——对象被创建的层,该层上的几何对象和视图是可见的和可选的。
- 设为仅可见——该层上的几何对象和视图是只可见的,但不可选择。
- 设为不可见——该层上的几何对象和视图是不可见的(必不可选择的)。

在【图层设置】对话框的【图层控制】选项组中可以设置图层的状态,每个层只能有一种状态,如图 2.46 所示。

## 2. 层的分类

NX 将 256 层进行了分类,如表 2.1 所示。

表 2.1 层的标准分类

| 层的分配 | 层类名 | 说　明 |
|---|---|---|
| 1~10 | SOLIDS | 实体层 |
| 11~20 | SHEETS | 片体层 |
| 21~40 | SKECHES | 草图层 |
| 41~60 | CURVES | 曲线层 |
| 61~80 | DATUMS | 基准层 |
| 91~255 | 未指定 | |

创建类别操作:

(1) 选择【格式】|【图层类别】命令,出现【图层类别】对话框,如图 2.47 所示,在【类别】文本框中输入层类别名,如"Temp"。

(2) 单击【创建/编辑】按钮,出现【图层类别】对话框,在【范围或类别】文本框中输入分类范围,如"101-120",如图 2.48 所示,按 Enter 键。或在【图层】列表框中选择层,单击【添加】按钮。

**说明**:按住并拖动鼠标可连续选择多层。

## 3. 移动至层

选择【格式】|【移动至图层】命令,出现【类选择】对话框,选择要移动的对象,

单击【确定】按钮，出现【图层移动】对话框，在【目标图层或类别】文本框中输入层名，如图 2.49 所示，单击【应用】按钮，则将选择移动的对象移动至指定的层。单击【选择新对象】按钮，返回【类选择】对话框，可继续选择其他要改变层的对象。

图 2.46 【图层控制】选项组

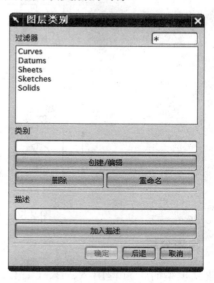

图 2.47 【图层类别】对话框——创建类别

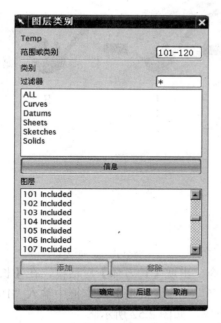

图 2.48 【图层类别】对话框——选择图层

图 2.49 【图层移动】对话框

## 2.3 实 战 练 习

运用体素特征，建立图 2.50 所示的模型。

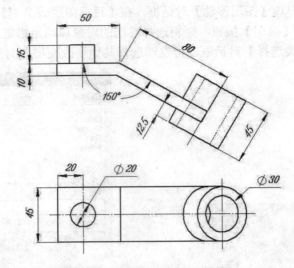

图 2.50 体素特征和布尔操作

### 2.3.1 建模分析

建立模型时，过程由 A、B、C、D、E 五道工序完成，如图 2.51 所示。

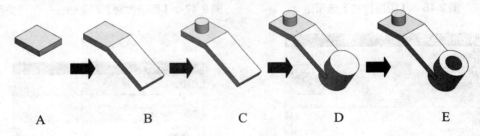

图 2.51 建模分析

### 2.3.2 操作步骤

1. 新建文件

新建文件"\NX6\2\Study\link.prt"。

2. 创建 A

选择【插入】|【设计特征】|【长方体】命令，出现【长方体】对话框，在【长度】文本框中输入"50"，在【宽度】文本框中输入"45"，在【高度】文本框中输入"10"，单击【确定】按钮，在坐标系原点(0, 0, 0)创建长方体，如图 2.52 所示。

3. 创建 B

(1) 改变工作坐标系的原点。选择【格式】|WCS|【动态】命令，选择上顶面边缘的右端点。

(2) 反转 ZC 轴方向。双击 ZC 轴的手柄。

(3) 旋转工作坐标系。选择旋转手柄，出现动态输入框，要求输入 30°，如图 2.53 所示,单击中键。

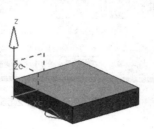

图 2.52 创建长方体

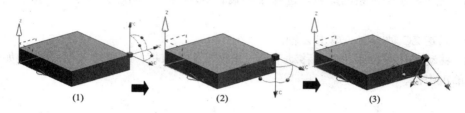

图 2.53 改变坐标系

(4) 选择【插入】|【设计特征】|【长方体】命令,出现【长方体】对话框,在【长度】文本框中输入"80",在【宽度】文本框中输入"45",在【高度】文本框中输入"10",单击【确定】按钮,如图 2.54 所示。

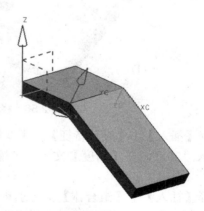

图 2.54 创建过程 B 中的长方体

(5) 选择【插入】|【组合体】|【求和】命令,出现【求和】对话框,在【目标】组中激活【选择体】,在图形区选取目标实体,在【刀具】组中激活【选择体】,在图形区选取一个工具实体,如图 2.55 所示。

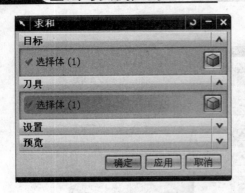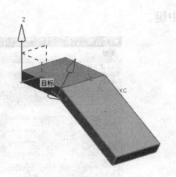

图 2.55 布尔操作

**4. 创建 C**

(1) 改变工作坐标系的原点。选择【格式】|WCS|【动态】命令,选择上顶面边缘的中点。

(2) 确定 ZC 轴方向。单击 Z 轴。

(3) 移动工作坐标系。选择移动手柄,出现动态输入框,要求输入"-20",如图 2.56 所示,单击中键。

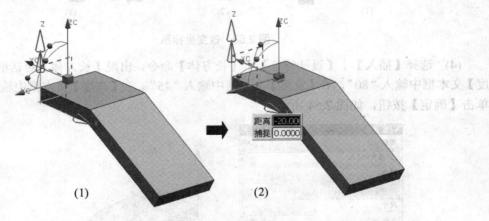

图 2.56 移动坐标系

(4) 选择【插入】|【设计特征】|【圆柱】命令,出现【圆柱】对话框,在【直径】文本框中输入"20",在【高度】文本框中输入"15",单击【确定】按钮,如图 2.57 所示。

(5) 选择【插入】|【组合体】|【求和】命令,出现【求和】对话框,在【目标】组中激活【选择体】,在图形区选取目标实体;在【刀具】组中激活【选择体】,在图形区选取一个工具实体。

**5. 创建 D**

(1) 改变工作坐标系的原点。选择【格式】|WCS|【动态】命令,选择下顶面边缘的中点。

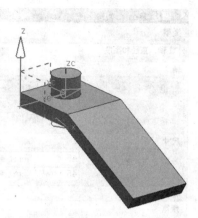

图 2.57　创建圆柱体

(2) 确定 ZC 轴方向。单击 Z 轴。

(3) 移动工作坐标系。选择移动手柄，出现动态输入框，要求输入"-12.5"，如图 2.58 所示，单击中键。

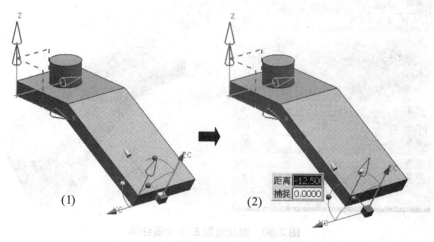

图 2.58　移动坐标系

(4) 选择【插入】|【设计特征】|【圆柱】命令，出现【圆柱】对话框，在【直径】文本框中输入"45"，在【高度】文本框中输入"45"，单击【确定】按钮，如图 2.59 所示。

(5) 选择【插入】|【组合体】|【求和】命令，出现【求和】对话框，在【目标】组中激活【选择体】，在图形区选取目标实体；在【刀具】组中激活【选择体】，在图形区选取一个工具实体。

6. 创建 E

(1) 选择【插入】|【设计特征】|【圆柱】命令，出现【圆柱】对话框，在【直径】

文本框中输入"30",在【高度】文本框中输入"45",单击【确定】按钮,如图 2.60 所示。

 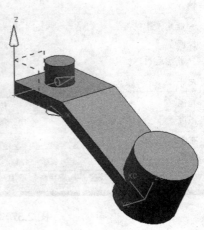

图 2.59  创建过程 D 中的圆柱体

 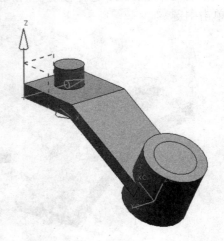

图 2.60  创建过程 E 中的圆柱体

(2) 选择【插入】|【组合体】|【求差】命令,出现【求差】对话框,在【目标】组中激活【选择体】,在图形区选取目标实体,在【刀具】组中激活【选择体】,在图形区选取一个工具实体,如图 2.61 所示。

7. 创建模型

将 61 层设为【不可见】,完成建模,如图 2.62 所示。

# 第 2 章 基本实体的构建

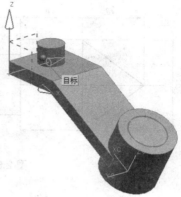

图 2.61 布尔运算

图 2.62 完成建模

## 2.4 上机练习

创建下面的模型和草图，如图 2.63～图 2.68 所示。

图 2.63 练习图 1　　　　　图 2.64 练习图 2　　　　　图 2.65 练习图 3

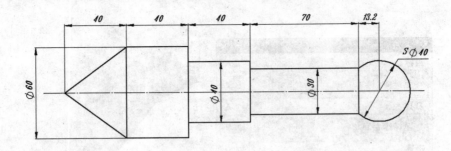

图 2.66　练习图 4

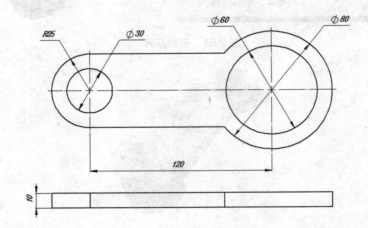

图 2.67　练习图 5

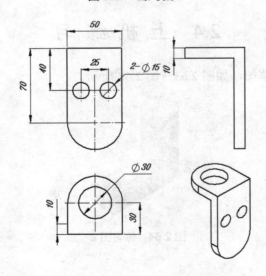

图 2.68　练习图 6

# 第 3 章 参数化草图建模

草图(Sketch)是与实体模型相关联的二维图形,一般作为三维实体模型的基础。NX 草图功能可以在三维空间中的任何一个平面内建立草图平面,并在该平面内绘制草图。

草图中提出了"约束"的概念,可以通过几何约束与尺寸约束控制草图中的图形,可以实现与特征建模模块同样的尺寸驱动,并可以方便地实现参数化建模。应用草图工具,可以先绘制近似的曲线轮廓,再添加精确的约束定义,这样就可以完整表达设计的意图。

建立的草图还可以用实体造型工具进行拉伸、旋转、扫描等操作,生成与草图相关联的实体模型。

草图在特征树上显示为一个特征,且特征具有参数化和便于编辑修改的特点。

## 3.1 创建基本草图

### 3.1.1 案例介绍及知识要点

使用轮廓曲线完成图 3.1 所示的近似草图。

知识点:

- 理解草图的基本概念。
- 掌握配置文件工具的使用。
- 掌握辅助线的使用方法。

### 3.1.2 操作步骤

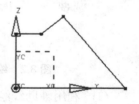

图 3.1 近似草图

1. 新建文件

新建文件"\NX6\3\Study\ sketch.prt"。

2. 设置草图工作图层

选择【格式】|【图层设置】命令,出现【图层设置】对话框,设置第 21 层为草图工作层。

3. 新建草图

单击【特征】工具条中的【草图】按钮 ,出现【创建草图】对话框,在【平面选项】下拉列表框中选择【现有的平面】选项,在绘图区选择一个附着平面。单击【创建草图】对话框中的【确定】按钮,进入草图环境,草图生成器自动使视图朝向草图平面,并启动【轮廓】命令。

### 4. 命名草图

在【草图名称】下拉列表框中输入"SKT_21_First"。

### 5. 绘制草图

绘制草图的步骤如下。

(1) 绘制水平线。

从原点绘制一条水平直线,如图 3.2 所示,在光标中出现一个 ➞ 形状的符号,这表明系统将自动给绘制的直线添加一个"水平"的几何关系,而文本框中的数字则显示了直线的长度,单击确定水平线的终止点。

> **注意:** 在创建草图的过程中,不需要严格定义曲线的参数,只需大概描绘出图形的形状即可,再利用相应的几何约束和尺寸约束精确控制草图的形状,草图创建完全是参数化的过程。

(2) 绘制具有一定角度的直线。

从终止点开始,绘制一条与水平直线具有一定角度的直线,单击确定斜线的终止点,如图 3.3 所示。

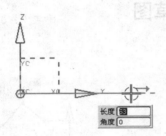

图 3.2 绘制水平线

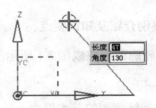

图 3.3 绘制具有一定角度的直线

(3) 利用辅助线绘制垂直线。

移动光标到与前一条线段垂直的方向,系统将显示出辅助线,这种辅助线用虚线表示,如图 3.4 所示。单击确定垂直线的终止点,当前所绘制的直线与前一条直线将会自动添加"垂直"几何关系。

(4) 利用参考的辅助线绘制直线。

如图 3.5 所示的辅助线在绘图过程中只起到了参考作用,并没有自动添加几何关系,这种推理线用点线表示,单击右键确定水平线的终止点。

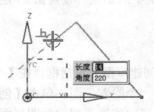

图 3.4 利用推理线绘制垂直线

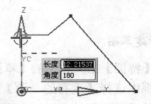

图 3.5 利用作为参考的辅助线绘制直线

(5) 封闭草图。移动鼠标指针到原点，单击确定终止点，如图 3.6 所示。

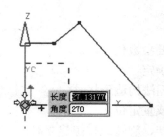

图 3.6 封闭草图

(6) 单击【草图生成器】中的【完成草图】按钮 ，结束草图绘制。

### 3.1.3 步骤点评

(1) 对于步骤 2：在建立草图时，应将不同的草图对象放在不同的图层上，以便于草图管理，放置草图的图层为 21～40 层。在一个草绘平面上创建的所有曲线被视为一个草图对象。应当在进入草图工作界面之前设置草图所要放置的层为当前工作图层。一旦进入草图工作界面，就不能设置当前工作图层了。

**说明**：在创建草图之后，可以将草图对象移至指定层。

(2) 对于步骤 3：为确保草图的正确空间方位与特征之间的相关性，建议：

① 从零开始建模时，第一张草图的平面选择为工作坐标系平面，然后拉伸或旋转建立毛坯，第二张草图的平面应选择为实体表面。

② 在已有的实体上建立草图时，如果安放草图的表面为平面，可以直接选取实体表面；如果安放草图的表面为非平面，可先建立相对基准面，再选择基准面作为草图平面。

(3) 对于步骤 4：在【草图名称】下拉列表框中，显示系统默认的草图名称，如 SKETCH_000、SKETCH_001。该文本框用于显示和修改当前工作草图的名称。用户可以在文本框中指定其他的草图名称，否则系统将使用默认名称。

**注意**：设置草图名称时，第一个字符必须是字母，且系统会将输入的名称改为大写。

通常草图的名称由 3 部分组成：前缀、所在层号和用途，如图 3.7 所示。单击草图名称文本框右侧的小箭头，系统会弹出草图列表框，其中会列出当前部件文件中所有草图的名称。

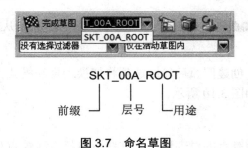

图 3.7 命名草图

### 3.1.4 知识总结——草图基本知识、配置文件工具

**1. 使用草图的目的和时间**

- 曲线形状较复杂，需要参数化驱动。
- 具有潜在的修改和不确定性。
- 使用 NX 的成形特征无法构造形状时。
- 需要对曲线进行定位或重定位。
- 模型形状较容易由拉伸、旋转或扫掠建立时。

**2. 草图创建步骤**

创建草图的步骤如下。
(1) 首先要确定需要几个草图和怎样才能够把特征建立起来。
(2) 确定在什么地方建立草图平面，并创建草图平面。
(3) 为了便于管理，草图的命名和放置的图层要符合有关规定。
(4) 检查和修改草图参数的设置。
(5) 快速手绘出大概的草图形状或将外部几何对象添加到草图中。
(6) 按照要求对草图先进行几何约束，然后再加上尽可能少的尺寸约束。
(7) 利用草图建立所需要的特征。
(8) 根据建模的情况编辑草图，最终得到所需要的模型。

**3. 配置文件工具**

配置文件工具可以创建首尾相连的直线和圆弧串，即上一条曲线的终点变成下一条曲线的起点，如图 3.8 所示。

**1) 直线—圆弧过渡**

通过按住并拖动鼠标左键，可以从创建直线转换为创建圆弧；还可以通过选择直线或圆弧图标选项来改变创建曲线的类型，即从一条直线过渡到圆弧，或从一个圆弧过渡到另一个圆弧，如图 3.9 所示。

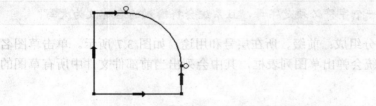

图 3.8　轮廓曲线　　　　　　　　图 3.9　从直线过渡到圆弧

**2) 圆弧成链**

在轮廓线串模式中，创建圆弧后轮廓选项将切换为直线模式。要创建一系列成链的圆弧，需双击圆弧选项，如图 3.10 所示。

**4. 辅助线**

辅助线指示与曲线控制点的对齐情况，这些点包括直线端点和中点、圆弧端点以及圆

弧和圆的中心点。创建曲线时,可以显示两类辅助线,如图 3.11 所示。

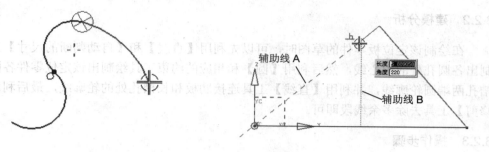

图 3.10　圆弧成链　　　　　　　图 3.11　辅助线

(1) 辅助线 A 采用虚线表示,出现约束的预览。如果此时所绘制的线段捕捉到这条辅助线,则系统会自动添加"垂直"的几何关系。

(2) 辅助线 B 采用点线表示,它仅仅提供了与另一个端点的参考,如果所绘制的线段终止于这个端点,则不会添加"中点"的几何关系。

说明:虚线辅助线表示可能的竖直约束,点线辅助线表示与中点对齐时的情形。

## 3.2　定　位　板

### 3.2.1　案例介绍及知识要点

绘制定位板草图,如图 3.12 所示。

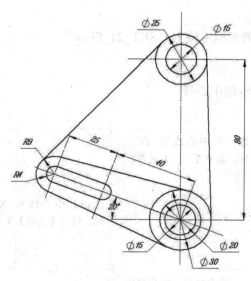

图 3.12　定位板草图

知识点:

- 掌握绘制基本几何图形的方法。

- 掌握添加草图约束的方法。

### 3.2.2 建模分析

在绘制该定位板零件的草图时，可以先利用【直线】和【自动判断的尺寸】工具，绘制出各圆孔处的中心线，然后利用【圆】和相应的约束工具绘制出该定位零件各圆孔和长槽孔两端圆轮廓线，并利用【直线】工具连接肋板和长槽孔处的轮廓线，最后利用【快速修剪】工具去除多余线段即可。

### 3.2.3 操作步骤

1. 建立文件

新建文件"\NX6\3\Study\location.prt"。

2. 设置草图工作图层

选择【格式】|【图层设置】命令，出现【图层设置】对话框，设置第21层为草图工作层。

3. 新建草图

单击【特征】工具条中的【草图】按钮 ，出现【创建草图】对话框，在【平面选项】下拉列表框中选择【现有的平面】选项，在绘图区选择一个附着平面。单击【创建草图】对话框中的【确定】按钮，进入草图环境，草图生成器自动使视图朝向草图平面，并启动【轮廓】命令。

4. 命名草图

在【草图名称】下拉列表框中输入"SKT_21_Fixed"。

5. 绘制草图

(1) 绘制如图 3.13 所示的中心线。

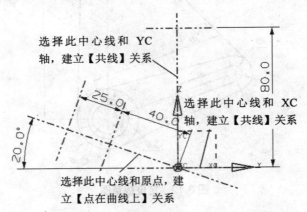

图 3.13 绘制中心线

(2) 绘制圆弧轮廓。利用【草图曲线】工具条中的曲线功能，创建基本圆弧轮廓；接着利用【草图约束】工具条中的【约束】，添加几何约束；利用【草图约束】工具条中的【尺寸】，添加尺寸约束，如图 3.14 所示。

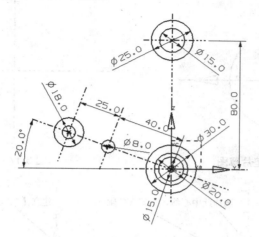

图 3.14　绘制圆弧轮廓

(3) 利用【草图曲线】工具条中的曲线功能，创建直线；接着利用【草图约束】工具条中的【约束】，添加几何约束；利用【草图取消】工具条中的【快速修剪】，裁剪相关曲线，如图 3.15 所示。

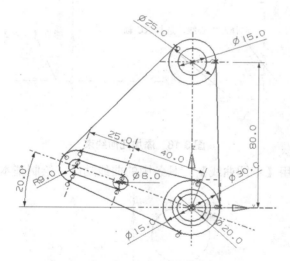

图 3.15　绘制完的草图效果

## 3.2.4　步骤点评

### 1. 添加约束技巧

绘制如图 3.16 所示的垫片草图。

(1) 绘制中心线，如图 3.17 所示。

(2) 添加几何约束。利用【草图约束】工具条中的【约束】，添加几何约束，如图 3.18 所示。

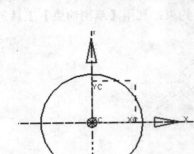
图 3.16 垫片草图

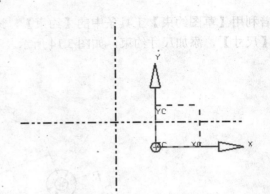
图 3.17 绘制中心线

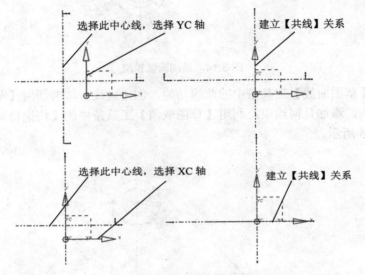
图 3.18 添加几何约束

(3) 绘制圆。利用【草图曲线】工具条中的曲线功能,绘制基本圆,如图 3.19 所示。

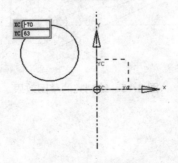
图 3.19 绘制圆

(4) 添加几何约束。利用【草图约束】工件中的【约束】,添加几何约束,如图 3.20 所示。

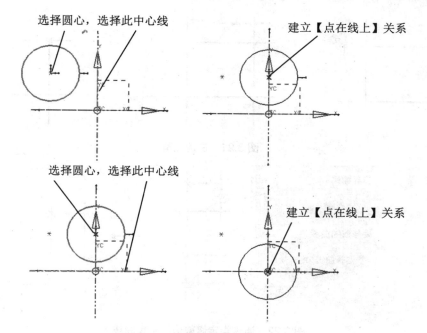

图 3.20 添加几何约束

2. 对建立约束次序的建议

- 加几何约束——固定一个特征点。
- 按设计意图加充分的几何约束。
- 按设计意图加少量尺寸约束(要频繁更改的尺寸)。

### 3.2.5 知识总结——绘制基本几何图形

1. 创建直线

绘制水平、垂直或任意角度的直线。

2. 创建圆弧

可通过 3 点(端点、端点、弧上任意一点或半径)画弧,也可以通过中心和端点(中心、端点、端点或扫描角度)画弧。

3. 创建圆

通过圆心和半径(或圆上一点)画圆,或通过 3 点(或两点和直径)画圆。

4. 快速裁剪

(1) 快速裁剪或删除选择的曲线段。以所有的草图对象为修剪边,裁剪被选择的最小单元段。如果按住鼠标左键并拖动,光标变为铅笔状,通过徒手画曲线,则和该曲线相交的所有曲线段都被剪掉,如图 3.21 所示。

(2) 以指定的修剪边界去裁剪曲线。通过选择修剪边界,可以此边界去裁剪曲线,如图 3.22 所示。

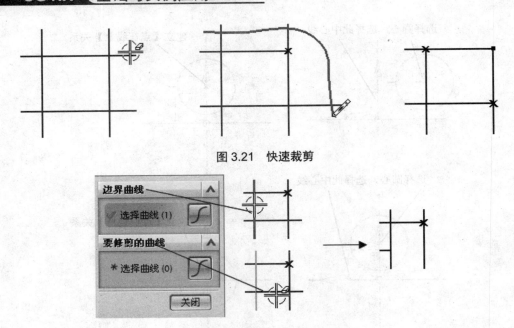

图 3.21 快速裁剪

图 3.22 通过指定修剪边界裁剪曲线

5. 创建圆角

(1) 创建两个曲线对象的圆角。分别选择两个曲线对象或将光标选择球指向两个曲线的交点处同时选择两个对象，然后拖动光标确定圆角的位置和大小(半径以步长 0.5 跳动)，如图 3.23 所示。

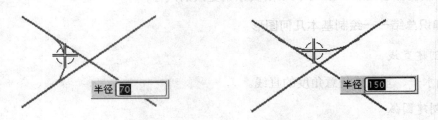

图 3.23 创建两个曲线的圆角

(2) 徒手曲线选择圆角边界。发出圆角命令后，如果按住鼠标左键并拖动，光标会变为铅笔状，通过徒手画曲线，选择倒角边，则圆弧切点位于徒手曲线和第一倒角线交点处，如图 3.24 所示。

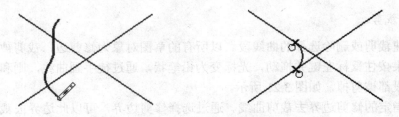

图 3.24 徒手曲线选择圆角边界

(3) 修剪圆角边界

圆角工具条 裁剪、 不裁剪圆角的两曲线边，如图 3.25 所示。

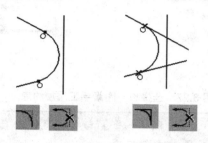

图 3.25　是、否修剪圆角边界

(4) 修剪第三边。选择两条边后，再选择第三边，可以约束圆角半径。选择圆角工具条中的 图标可以删除第三条曲线，选择 图标不删除第三条曲线，如图 3.26 所示。

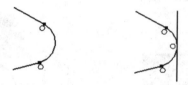

图 3.26　是、否修剪第三边

**说明：** 通过标注圆角半径尺寸，可修改圆角的大小。通过修改半径尺寸，可驱动圆角半径的大小。

### 3.2.6　知识总结——添加草图约束

几何约束用于定位草图对象和确定草图对象之间的相互关系。给草图对象施加几何约束的方法有两种。

- ：手工施加几何约束。
- ：自动产生几何约束。

**1. 手工施加几何约束**

手工施加几何约束是为所选草图对象指定某种约束的方法。单击【草图约束】工具条上的【约束】按钮 (手工施加几何)，各草图对象将显示自由度符号，表明当前存在哪些自由度没有定义。其中 表示有 X、Y 方向两个自由度； 表示有 X 方向一个自由度； 表示有 Y 方向一个自由度。随着几何约束和尺寸约束的添加，自由度符号将逐步减少。当草图全部约束以后，自由度符号将全部消失。

(1) 选择单一图素手工添加约束。

选择要创建约束的曲线(例如选择一条直线)，则所选曲线会加亮显示，同时弹出可约束的选项工具条；单击【水平】按钮 ，则所选直线变为水平，可约束的选项工具条消失。如果要对同一对象施加另外的约束，重复操作即可，例如再次选择已经水平约束的直线，已经约束的类型呈灰显状态，如图 3.27 所示。

图3.27 选择单一图素手工添加约束

**注意**：单击【垂直】按钮，由于约束【水平】与【垂直】是自相矛盾的，所以所选直线形成过约束，过约束的对象由绿色变为黄色。

(2) 选择多个对象手工添加约束。

可以选择两个或多个对象约束对象之间的相互关系。例如选择直线后，再选择圆周，可以约束直线与圆相切，如图3.28所示。

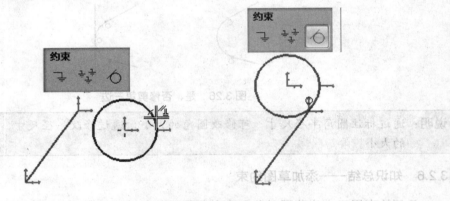

图3.28 选择多个对象手工添加约束

**注意**：对象之间施加几何约束之后，导致草图对象的移动。移动规则是：如果所约束的对象都没有施加任何约束，则以最先创建的草图对象为基准；如果所约束的对象中已存在其他约束，则以约束的对象为基准。

各种约束类型及其代表的含义如表3.1所示。

表3.1 约束类型及其含义

| 约束类型 | 含 义 |
| --- | --- |
| 固定 | 将草图对象固定在某个位置，点固定其所在位置；线固定其角度；圆和圆弧固定其圆心或半径 |
| 重合 | 约束两个或多个点重合(选择点、端点或圆心) |
| 共线 | 约束两条或多条直线共线 |
| 点在曲线上 | 约束所选取的点在曲线上(选择点、端点或圆心和曲线) |
| 中点 | 约束所选取的点在曲线中点的法线方向上(选择点、端点或圆心和曲线) |

续表

| 约束类型 | 含 义 |
|---|---|
| → 水平 | 约束直线为水平的直线(选择直线) |
| ↑ 竖直 | 约束直线为竖直的直线(选择直线) |
| // 平行 | 约束两条或多条直线平行(选择直线) |
| ⊥ 垂直 | 约束两条直线垂直(选择直线) |
| = 等长度 | 约束两条或多条直线等长度(选择直线) |
| ↔ 固定长度 | 约束两条或多条直线固定长度(选择直线) |
| ∠ 恒定角度 | 约束两条或多条直线固定角度(选择直线) |
| ◎ 同心 | 约束两个或多个圆、圆弧或椭圆的圆心同心(选择圆、圆弧或椭圆) |
| ♂ 相切 | 约束直线和圆弧或两条圆弧相切(选择直线、圆弧) |
| ≈ 等半径 | 约束两个或多个圆、圆弧半径相等(选择圆、圆弧) |

2. 自动产生几何约束

自动产生约束是指系统用已设置的自动产生几何约束的类型,根据草图对象间的关系,自动添加相应约束到草图对象上的方法。

单击【草图约束】工具条上的【自动约束】按钮 (自动产生约束),出现【自动约束】对话框,如图 3.29 所示。

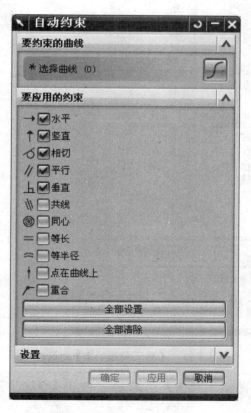

图 3.29 【自动约束】对话框

该对话框显示了当前草图对象可添加的几何约束类型。在该对话框中选择自动添加到草图对象的某些约束类型，然后单击【应用】按钮。系统会分析草图对象的几何关系，根据选择的约束类型，自动添加相应的几何约束到草图对象上。

3. 显示所有约束

单击【草图约束】工具条上的【显示所有约束】按钮 ，将显示施加到草图的所有几何约束，如图 3.30 所示。再次单击【草图约束】工具条上的【显示所有约束】按钮 ，则不显示施加到草图的所有几何约束。

4. 显示/移除约束

单击【草图约束】工具条上的【显示/移除约束】按钮 ，出现【显示/移除约束】对话框，如图 3.31 所示。从中可显示草图对象的几何约束，并可移去指定的约束或移去列表中的所有约束。

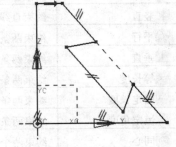

图 3.30　显示几何约束

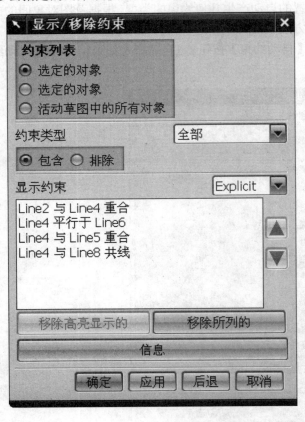

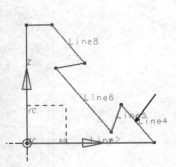

图 3.31　【显示/移除约束】对话框

说明：选中显示的约束，双击可以移除所选约束，单击【移除所列的】按钮可以移除所有约束。

## 3.2.7 知识总结——尺寸约束

尺寸约束就是为草图对象标注尺寸，但它不是通常意义的尺寸标注，而是通过给定尺寸驱动、限制和约束草图几何对象的大小和形状。

单击【草图约束】工具条第一个图标旁边的向下箭头，弹出下拉菜单式图标，其中有 9 种用于尺寸约束的命令，如图 3.32 所示。

图 3.32　尺寸下拉菜单式图标

尺寸标注方式包括自动判断的尺寸、水平、竖直、平行、垂直、成角度、直径、半径和周长 9 种，在草图模式中进行尺寸标注，即将尺寸约束限制条件添加到草图上。例如，如果在线段的两个端点间标注尺寸，则限定了两点的距离约束，也就是限制了该线段的长度。

> 说明：如果所施加的尺寸与其他几何约束或尺寸约束发生冲突，则称为约束冲突。系统改变尺寸标注和草图对象的颜色时，颜色将会变为粉红色。对于约束冲突(几何约束或尺寸约束)，无法对草图对象按约束驱动。

发出任何一个尺寸标注命令，提示栏提示：选择要标注尺寸的对象或选择要编辑的尺寸，选择对象后，移动鼠标指定一点(按鼠标左键)，定位尺寸的放置位置，此时弹出一尺寸表达式窗口，如图 3.33 所示。指定尺寸表达式的值，则尺寸驱动草图对象，用鼠标拖动尺寸可调整尺寸的放置位置。单击鼠标中键或再次单击所选择的尺寸图标可完成尺寸标注。双击一个尺寸标注，会弹出尺寸表达式窗口，从中可以编辑一个已有的尺寸标注。

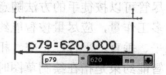

图 3.33　尺寸表达式窗口

### 3.2.8 知识总结——转换至参考/活动的

在为草图对象添加几何约束和尺寸约束的过程中，有些草图对象是作为基准、定位、约束使用的，不作为草图曲线，这时应将这些曲线转换为参考的曲线。有些草图尺寸可能会导致过约束，这时应将这些草图尺寸转换为参考的(如果需要参考的草图曲线和草图尺寸可以再次激活)。

单击【草图约束】工具条上的【转换至/自参考对象】按钮，出现【转换至/自参考对象】对话框，如图 3.34 所示。

当要将草图中的曲线或尺寸转化为参考对象时，先在绘图工作区中选择要转换的曲线或尺寸，再在该对话框中选中【参考】单选按钮，然后单击【应用】按钮，则将所选对象转换为参考对象。

如果选择的对象是曲线，它转换成参考对象后，用浅绿色双点划线显示，在实体拉伸和旋转操作中它将不起作用；如果选择的对象是一个尺寸，

图 3.34 【转换至/自参考对象】对话框

在其转换为参考对象后，它仍然在草图中显示，并可以更新，当其尺寸表达式不再存在时，则它不再对原来的几何对象产生约束，如图 3.35 所示。

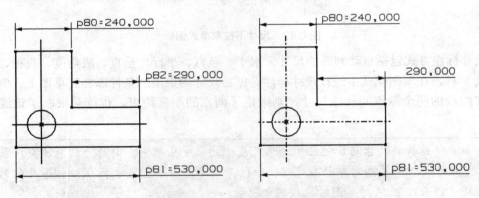

图 3.35 尺寸过约束，将 p82=290 转换为参考尺寸

### 3.2.9 知识总结——智能约束设置

尽管可以按徒手的方法随意绘制草图，然后进行几何约束和尺寸约束，但这势必会增加许多工作量，应尽量按智能约束绘制草图，以在绘制草图的同时创建必要的几何约束，如水平、垂直、平行、正交、相切、重合、点在曲线上等。

智能约束是指在绘制草图时系统智能捕捉到用户的设计意图。单击【草图约束】工具条上的【自动判断约束】按钮 (智能约束设置)，出现【自动判断约束】对话框，如图 3.36 所示。

## 第3章 参数化草图建模

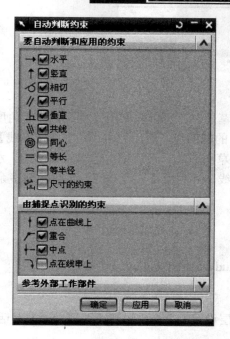

图 3.36 【自动判断约束】对话框

在构造曲线时,可以通过设置【自动判断约束】对话框中的一个或多个选项,控制 NX 自动判断的约束设置。

## 3.3 槽 轮

### 3.3.1 案例介绍及知识要点

绘制如图 3.37 所示的槽轮草图。

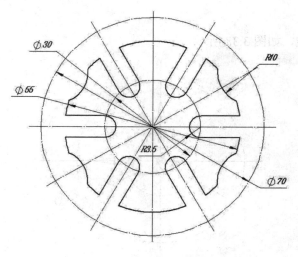

图 3.37 槽轮草图

59

知识点：

掌握草图的操作方法。

### 3.3.2 建模分析

在绘制该槽轮零件的草图时，可以先利用【直线】和【角度】工具绘制出槽轮的中心线和与水平中心线成 30°的辅助线，然后利用【圆】、【直线】和【修剪】工具绘制出处于辅助线一侧的 1/6 槽轮草图曲线，最后依次选取斜辅助线、水平和竖直中心线为镜像中心线，镜像出其余轮廓曲线，并利用【快速修剪】工具修剪多余线段即可。

### 3.3.3 操作步骤

1. 新建文件

新建文件"\NX6\3\Study\scored_pulley.prt"。

2. 设置草图工作图层

选择【格式】|【图层设置】命令，出现【图层设置】对话框，设置第 21 层为草图工作层。

3. 新建草图

单击【特征】工具条中的【草图】按钮 ，出现【创建草图】对话框，在【平面选项】下拉列表框中选择【现有的平面】选项，在绘图区选择一个附着平面。单击【创建草图】对话框中的【确定】按钮，进入草图环境，草图生成器自动使视图朝向草图平面，并启动【轮廓】命令。

4. 命名草图

在【草图名称】下拉列表框中输入"SKT_21_Fixed"。

5. 绘制草图

(1) 绘制中心线，如图 3.38 所示。

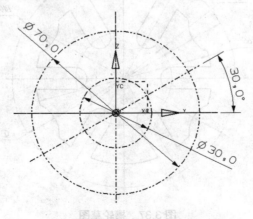

图 3.38 绘制中心线

(2) 绘制圆轮廓线和辅助线，如图 3.39 所示。

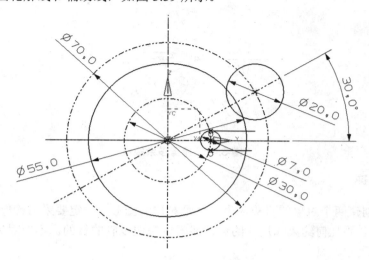

图 3.39 绘制圆轮廓线和辅助线

(3) 镜像图形，如图 3.40 所示。

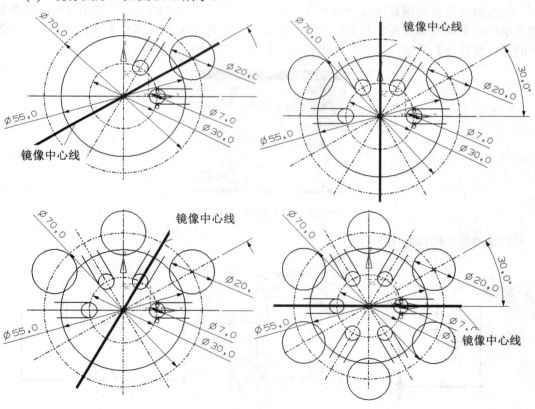

图 3.40 镜像图形

(4) 修剪多余线段，如图 3.41 所示。

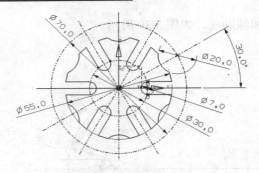

图 3.41　修剪多余线段

### 3.3.4　步骤点评

NX 无法创建两个对象的对称约束。凡是对称的图形，一定要采用镜像草图命令创建，否则，需要太多的几何约束和尺寸约束才能实现镜像复制的目的。不要对镜像草图施加任何几何约束和尺寸约束。

### 3.3.5　知识总结——镜像曲线

镜像曲线是将草图对象以一条直线为对称中心线，镜像复制成新的草图对象。镜像复制的草图对象与原草图对象具有相关性，并自动创建镜像约束。单击【草图操作】工具条上的【镜像曲线】按钮，出现【镜像曲线】对话框，如图 3.42 所示。

图 3.42　【镜像曲线】对话框

镜像曲线的操作如图 3.43 所示。

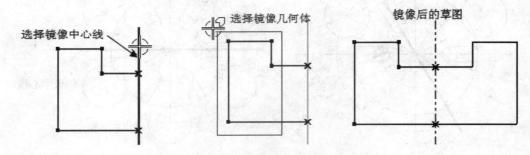

图 3.43　镜像曲线的操作示意

## 3.4 实战练习

熟练掌握二维草图的绘制方法与技巧，建立图 3.44 所示的草图。

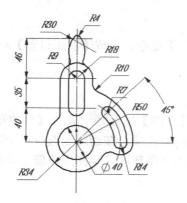

图 3.44 草图

### 3.4.1 建模分析

建立草图时，首先要建立中心线，然后绘制圆和连接线。如对称图形一定要先绘制一半，再用镜像曲线功能完成另一半的绘制。本实验草图的绘制步骤如图 3.45 所示。

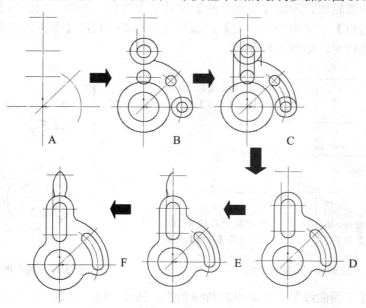

图 3.45 建模分析

### 3.4.2 操作步骤

**1. 新建文件**

新建文件"\NX6\3\Study\knob.prt"。

**2. 设置草图工作图层**

选择【格式】|【图层设置】命令,出现【图层设置】对话框,设置第 21 层为草图工作层。

**3. 新建草图**

单击【特征】工具条中的【草图】按钮 ,出现【创建草图】对话框,在【平面选项】下拉列表框中选择【现有的平面】选项,在绘图区选择一个附着平面。单击【创建草图】对话框中的【确定】按钮,进入草图环境,草图生成器自动使视图朝向草图平面,并启动【轮廓】命令。

**4. 命名草图**

在【草图名称】下拉列表框中输入"SKT_21_knob"。

**5. 绘制草图**

(1) 绘制中心线,如图 3.46 所示。

(2) 绘制圆弧轮廓。利用【草图曲线】工具条中的曲线功能,创建基本圆弧轮廓;接着利用【草图约束】工件中的【约束】,添加几何约束;利用【草图约束】工件中的【尺寸】,添加尺寸约束,如图 3.47 所示。

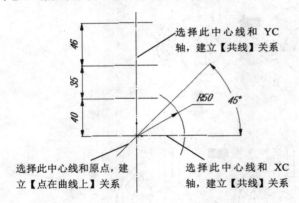 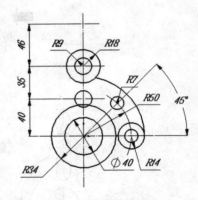

图 3.46 绘制中心线　　　　　　　图 3.47 绘制圆弧轮廓

(3) 利用【草图曲线】工具条中的曲线功能,创建直线、圆弧,接着利用【草图约束】工件中的【约束】,添加几何约束,如图 3.48 所示。

(4) 利用【草图工具】工件中的【快速修剪】,裁剪相关曲线,如图 3.49 所示。

(5) 绘制手柄左半部分,如图 3.50 所示。

(6) 镜像完成草图绘制,如图 3.51 所示。

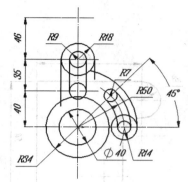

图 3.48 创建连接线完成草图绘制

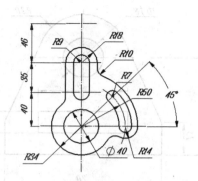

图 3.49 修剪成形

图 3.50 绘制手柄左半部分

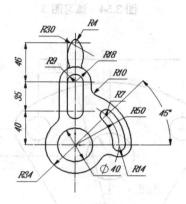

图 3.51 吊钩

## 3.5 上机练习

绘制如图 3.52～图 3.60 所示的草图。

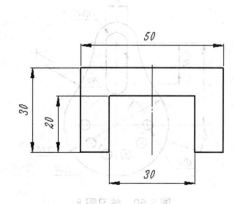

图 3.52 练习图 1

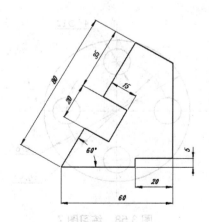

图 3.53 练习图 2

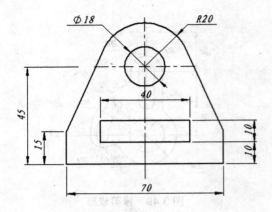

图 3.54　练习图 3

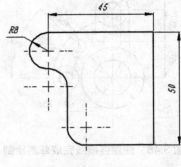

图 3.55　练习图 4

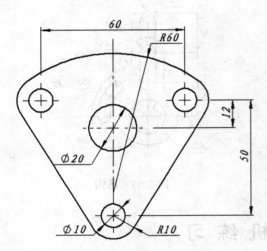

图 3.56　练习图 5

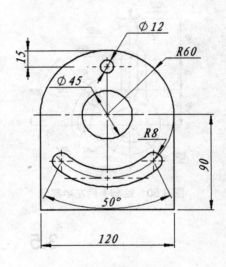

图 3.57　练习图 6

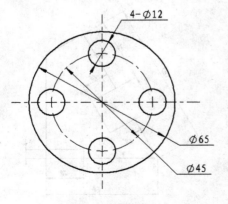

图 3.58　练习图 7

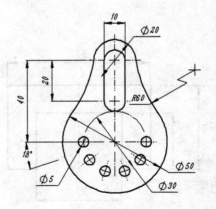

图 3.59　练习图 8

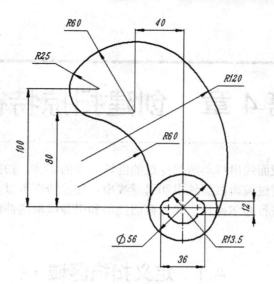

图 3.60　练习图 9

# 第 4 章　创建扫掠特征

扫掠特征是指一截面线串移动所扫掠过的区域构成的实体，扫掠特征与截面线串和引导线串具有相关性，通过编辑截面线串和引导线串，扫掠特征可以自动更新，且扫掠特征与已存在的实体可以进行布尔操作。作为截面线串和引导线串的曲线可以是实体边缘、二维曲线或草图等。

## 4.1　定义扫描区域

### 4.1.1　案例介绍及知识要点

利用如图 4.1 所示的草图，完成不同区域的拉伸。

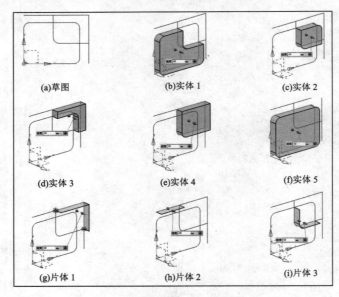

图 4.1　定义扫描区域

知识点：
- 理解扫描的概念。
- 掌握选择线串的方法。

## 4.1.2 操作步骤

1. 新建文件

新建文件"choice.prt"。

2. 绘制草图

绘制如图 4.2 所示的草图。

3. 体验创建实体 1～实体 3 拉伸

在【特征】工具条上单击【拉伸】按钮，出现【拉伸】对话框，激活【截面】组，设置曲线规则：区域边界。选择点及结果如图 4.3 所示。

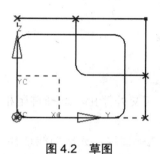

图 4.2 草图

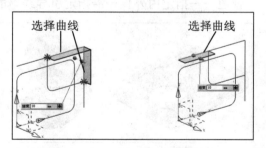

图 4.3 体验实体 1 拉伸~实体 3 拉伸

4. 体验实体 4 和实体 5 拉伸

在【特征】工具条上单击【拉伸】按钮，出现【拉伸】对话框，激活【截面】组，设置曲线规则：区域边界。选择点及结果如图 4.4 所示。

5. 体验片体 1 和片体 2 拉伸

在【特征】工具条上单击【拉伸】按钮，出现【拉伸】对话框，激活【截面】组，设置曲线规则：单条曲线，在相交处停止。选择点及结果如图 4.5 所示。

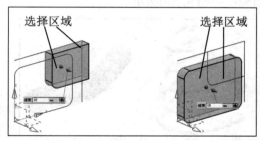

图 4.4 完成实体 4 和实体 5 拉伸

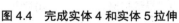

图 4.5 体验片体 1 拉伸、片体 2 拉伸

6. 体验片体 3 拉伸

在【特征】工具条上单击【拉伸】按钮，出现【拉伸】对话框，激活【截面】组，设置曲线规则：相切曲线，在相交处停止。选择点及结果如图 4.6 所示。

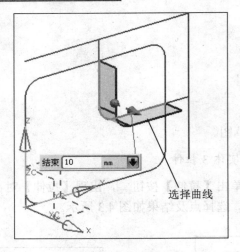

图 4.6 体验片体 3 拉伸

### 4.1.3 步骤点评

(1) 对于步骤 3。可以设置曲线规则：单条曲线，相交处停止，选择首尾相接曲线，完成曲线选择。

(2) 对于步骤 4。可以设置曲线规则：相连曲线，选择曲线，完成曲线选择。

**提示**：按住 Shift 键，再次选择已选项，将取消选择。

### 4.1.4 知识总结——扫描特征的类型

扫描特征类型包括以下几种。

拉伸特征——在线性方向和规定距离扫描，如图 4.7(a)所示。

旋转特征——绕一规定的轴旋转，如图 4.7(b)所示。

沿引导线扫掠——沿一引导线扫描，如图 4.7(c)所示。

管道——指定内外直径沿指定引导线串的扫描，如图 4.7(d)所示。

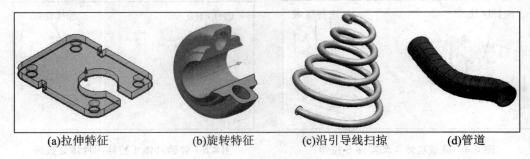

(a)拉伸特征　　(b)旋转特征　　(c)沿引导线扫掠　　(d)管道

图 4.7 扫描特征类型

### 4.1.5 知识总结——选择线串

线串可以是基本二维曲线、草图曲线、实体边缘、实体表面或片体等，将鼠标选择球指向所要选择的对象，系统自动判断出用户的选择意图，或通过选择过滤器设置要选择对象的类型。当创建拉伸、回转、沿引导线扫描时，会自动出现【选择意图】工具条，如图 4.8 所示。

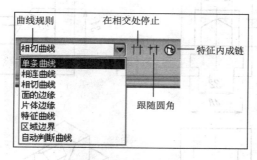

图 4.8 【选择意图】工具条

1. 曲线规则

(1) 单条曲线——选择单个曲线。

(2) 相连曲线——自动添加相连接的曲线。

(3) 相切曲线——自动添加相切的线串。

(4) 面的边缘——自动添加实体表面的所有边。

(5) 片体边缘——自动添加片体的所有边界。

(6) 特征曲线——自动添加特征的所有曲线。

(7) 区域边界——允许选择用于封闭区域的轮廓。大多数情况下，可以通过单击鼠标进行选择。封闭区域边界可以是曲线和/或边。

(8) 自动判断曲线——任何类型的截面。

2. 选择意图选项

(1) 在相交处停止。允许指定自动成链不仅在线框的端点处停止，还会在线框的相交处停止。当选择一个链时，将检查在选择视图中可见的所有其他的曲线和边与当前的链的相交情况。在每个相交点(即，两个或多个对象在一点处相交，内部的点或端点)系统限制此链。

(2) 跟随圆角。允许在剖面建立期间，自动跟随或离开圆角或任何曲线。可以使用它自动将剖面链接到相切圆弧或与相切圆弧断开链接。

如果同时选择【跟随圆角】和【在相交处停止】，则跟随圆角将在应用它的分支处替代在相交处停止。

(3) 特征内成链。允许限制成链仅从选定曲线的特征来收集曲线。可以指示成链的范围，并使用在相交处停止将交点的发现范围限制为仅种子的特征。

## 4.2 拉伸操作

### 4.2.1 案例介绍及知识要点

应用拉伸功能创建如图 4.9 所示的模型。

# UG NX 基础与实例应用

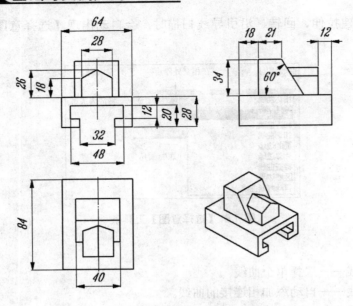

图 4.9　基本拉伸

**知识点：**

- 理解拉伸概念。
- 掌握拉伸方法。

### 4.2.2　建模分析

此模型的建立按 A→B→C→D 4 个操作完成，如图 4.10 所示。

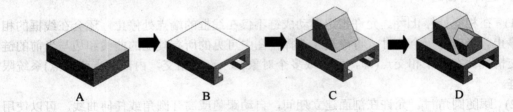

图 4.10　建模步骤

### 4.2.3　操作步骤

1. 新建文件

新建文件 "\NX6\4\Study\Base.prt"。

2. 创建 A

选择【插入】|【设计特征】|【长方体】命令，出现【长方体】对话框，在【长度】文本框中输入"84"，在【宽度】文本框中输入"64"，在【高度】文本框中输入"28"，单击【确定】按钮，在坐标系原点(0, 0, 0)创建长方体，如图 4.11 所示。

第 4 章 创建扫掠特征

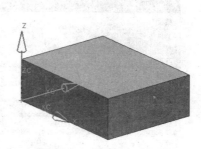

图 4.11　创建长方体

3. 创建 B

(1) 选择【插入】|【基准/点】|【基准平面】命令，出现【基准平面】对话框，在【类型】组中选择【自动判断】，选择实体模型的前后平面，创建二等分基准面，如图 4.12 所示。

图 4.12　创建二等分基准面

(2) 在右端面，绘制如图 4.13 所示的草图。

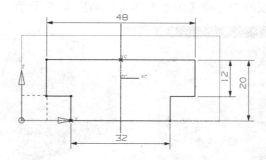

图 4.13　在右端面绘制草图

(3) 选择【插入】|【设计特征】|【拉伸】命令，出现【拉伸】对话框，设置曲线规则：相连曲线。在【截面】组中激活【选择曲线】，选择曲线。在【限制】组中，从【结束】下拉列表框中选择【贯通】选项；在【布尔】组中，从【布尔】下拉列表框中选择【求

73

差】选项,如图 4.14 所示。

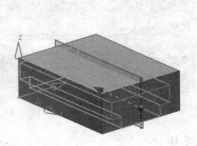

图 4.14 拉伸槽

4. 创建 C

(1) 在二等分基准面绘制如图 4.15 所示的草图。

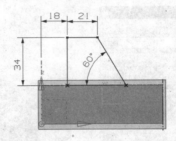

图 4.15 在二等分基准面绘制草图

(2) 选择【插入】|【设计特征】|【拉伸】命令,出现【拉伸】对话框,设置曲线规则:相连曲线。在【截面】组中激活【选择曲线】,选择曲线;在【限制】组中,从【结束】下拉列表框中选择【对称值】选项,在【距离】文本框中输入"20";在【布尔】组中,从【布尔】下拉列表框中选择【求和】选项,如图 4.16 所示。

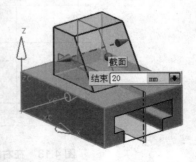

图 4.16 拉伸凸台

5. 创建 D

(1) 在右端面绘制如图 4.17 所示的草图。

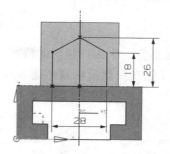

图 4.17 在右端面绘制草图

(2) 选择【插入】|【设计特征】|【拉伸】命令,出现【拉伸】对话框,设置曲线规则:相连曲线。在【截面】组中激活【选择曲线】,选择曲线;在【限制】组中,从【开始】下拉列表框中选择【值】选项,在【距离】文本框中输入"12",从【结束】下拉列表框中选择【直至下一个】选项;在【布尔】组中,从【布尔】下拉列表框中选择【求和】选项,如图 4.18 所示。

 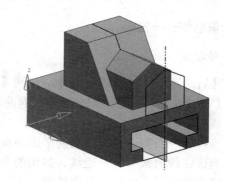

图 4.18 拉伸凸台

6. 移动层

(1) 将二等分基准面移到 61 层。

(2) 将草图移到 21 层。

(3) 将 61 层和 21 层设为"不可见"。

建模完成效果如图 4.19 所示。

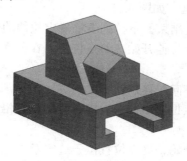

图 4.19 完成建模

### 4.2.4 步骤点评

（1）对于步骤 2。体素体征是第一个用户建立的特征，此时已经确定了用户建立的模型的空间方位。因此建议用户在建立模型前认真考虑以确定等轴测效果更佳，如图 4.20 所示。

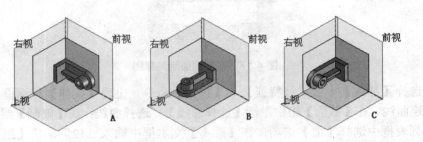

图 4.20 空间方位

（2）对于步骤 3。对称基体应采用对称方式拉伸。

### 4.2.5 知识总结——拉伸

**1. 拉伸规则**

选择【首选项】|【建模】命令，出现【建模首选项】对话框，在【体类型】区域选中【实体】单选按钮，用于控制在拉伸截面曲线时创建的是实体还是片体。设定为实体时，遵循以下规则。

（1）当拉伸一系列连续、封闭的平面曲线时将创建一个实体。

（2）当该曲线内部有另一连续、封闭的平面曲线时，将创建一个具有内部孔的实体。

（3）拔锥拉伸具有内部孔的实体时，内、外拔锥方向相反。

（4）当这些连续、封闭的曲线不在同一个平面时，将创建一个片体。

（5）当拉伸一系列连续但不封闭的平面曲线时将创建一个片体，除非拉伸时使用了偏置选项。

**2. 操作**

选择【插入】|【设计特征】|【拉伸】命令，或单击【特征】工具条上的【拉伸】按钮，出现【拉伸】对话框，如图 4.21 所示。

在限制中：【开始】或【结束】下拉列表框确定拉伸的开始和终点位置。

（1）值——设置值，确定拉伸开始或终点位置。在截面上方的值为正，在截面下方的值为负。

（2）对称值——向两个方向对称拉伸。

（3）直至下一个——终点位置沿箭头方向、开始位置沿箭头反方向，拉伸到最近的实体表面。

（4）直至选定对象——开始、终点位置位于选定对象。

（5）直到被延伸——拉伸到选定面的延伸位置。

（6）贯通——当有多个实体时，通过全部实体。

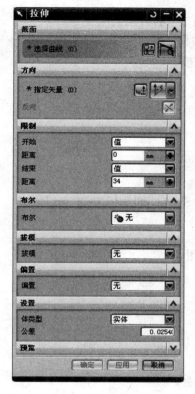

图 4.21 【拉伸】对话框

(7) 距离——在文本框输入的值。当开始和终点选项中的任何一个设置为值或对称值时出现。

## 4.3 带拔模的拉伸

### 4.3.1 案例介绍及知识要点

使用多个拔模角完成如图 4.22 所示的模型。

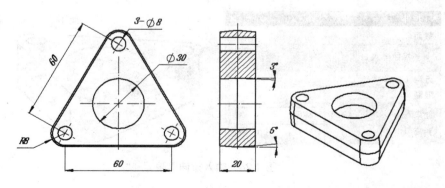

图 4.22 带拔模的拉伸

(1) 铸造的 1 个内部具有 3°的拔模。
(2) 机加工的内部孔无拔模。
(3) 外表面具有 5°的拔模。

知识点：

理解拔模。

### 4.3.2 操作步骤

**1. 新建文件**

新建文件"\NX6\4\Study\Swept_eatrude_Draft.prt"。

**2. 绘制草图**

绘制如图 4.23 所示的草图。

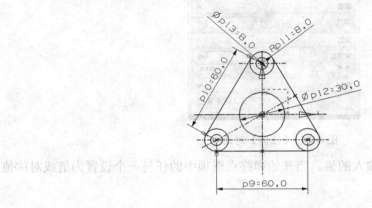

图 4.23 草图

**3. 拉伸草图**

在【特征】工具条上单击【拉伸】按钮，出现【拉伸】对话框，激活【截面】组，设置曲线规则：相切曲线，跟随圆角，选择草图曲线。在【限制】组中，从【结束】下拉列表框中选择【对称值】选项，在【距离】文本框中输入"10"，如图 4.24 所示。

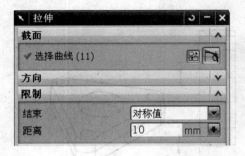 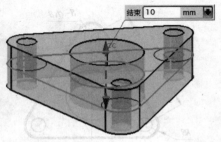

图 4.24 输入拉伸界限

4. 作用要求的拔模到中间孔

在【拔模】组中，从【拔模】下拉列表框中选择【从截面-不对称角】选项，从【角度选项】下拉列表框中选择【多个】选项，展开【列表】，选择"前角 1"，在【前角 1】文本框中输入"0"，选择"后角 1"，在【后角 1】文本框中输入"0"；选择"前角 2"，在【前角 2】文本框中输入"0"，选择"后角 2"，在【后角 2】文本框中输入"0"；选择"前角 3"，在【前角 3】文本框中输入"0"；选择"后角 3"，在【后角 3】文本框中输入"0"；选择"前角 4"，在【前角 4】文本框中输入"3"；选择"后角 4"，在【后角 4】文本框中输入"3"；选择"前角 5"，在【前角 5】文本框中输入"5"，选择"后角 5"，在【后角 5】文本框中输入"5"，如图 4.25 所示。

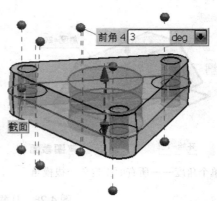

图 4.25 定义拔模角

5. 移动层

(1) 将草图移到 21 层。

(2) 将 61 层和 21 层设为"不可见"。

最终效果如图 4.26 所示。

图 4.26 完成建模

### 4.3.3 知识总结——拔模

设置拔模角和拔模类型。

(1) 无——不创建任何拔模。

(2) 从起始限制——创建一个拔模，拉伸形状在起始限制处保持不变，从该固定形状处将拔模角应用于侧面，如图 4.27 所示。

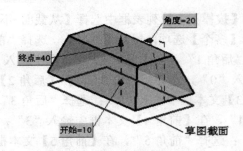

图 4.27　从起始限制拔模

（3）从截面——创建一个拔模，拉伸形状在截面处保持不变，从该截面处将拔模角应用于侧面，如图 4.28 所示。

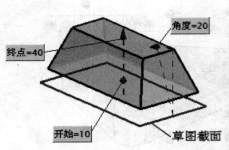　　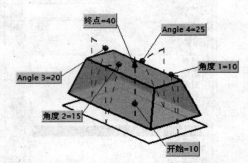

（a）单个角度——所有面指定单个拔模角　　（b）多个角度——每个面相切链指定唯一的拔模角

图 4.28　从截面创建一个拔模

（4）从截面非对称角度——仅当从截面的两侧同时拉伸时可用，如图 4.29 所示。

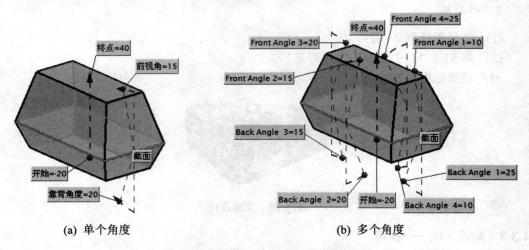

（a）单个角度　　　　　　　　　　（b）多个角度

图 4.29　从截面非对称角度创建一个拔模

（5）从截面对称角度——仅当从截面的两侧同时拉伸时可用，如图 4.30 所示。
（6）从截面匹配的终止处——仅当从截面的两侧同时拉伸时可用，如图 4.31 所示。

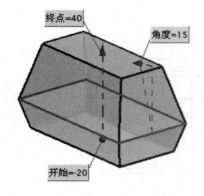 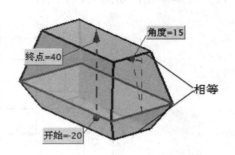

图 4.30 从截面对称角度创建一个拔模　　　　图 4.31 从截面匹配的终止处创建一个拔模

## 4.4 非正交的拉伸

### 4.4.1 案例介绍及知识要点

建立如图 4.32 所示的非正交拉伸模型。

知识点：

理解拉伸矢量。

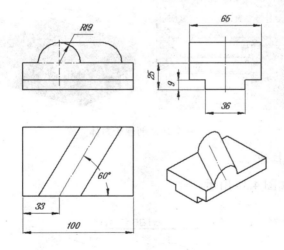

图 4.32 非正交拉伸

### 4.4.2 操作步骤

1. 新建文件

新建文件"\NX6\4\Study\Swept_extrude_Direction.prt"。

2. 创建长方体

(1) 绘制草图，如图4.33所示。

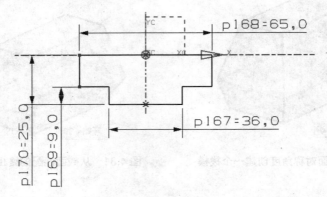

图4.33 草图

(2) 在【特征】工具条上单击【拉伸】按钮，出现【拉伸】对话框，激活【截面】组，选择草图曲线。在【限制】组中，从【结束】下拉列表框中选择【值】选项，在【距离】文本框中输入"100"，如图4.34所示。

 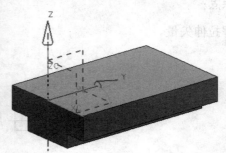

图4.34 创建长方体

3. 创建非正交的拉伸

(1) 绘制草图，如图4.35所示。

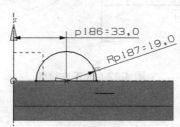

图4.35 草图

(2) 在【特征】工具条上单击【拉伸】按钮，出现【拉伸】对话框，激活【截面】组，选择草图曲线。在【方向】组中单击【矢量构造器】按钮，出现【矢量】对话框，从【类型】下拉列表框中选择【与 XC 成一角度】选项，在【相对于 XC-YC 平面中 XC 的角度】组的【角度】文本框中输入"-30"，单击【确定】按钮；在【限制】组中，从【结束】下拉列表框中选择【直到被延伸】选项，选择后面；在【布尔】组中，从【布尔】下拉列表框中选择【求和】选项，选择求和体，如图 4.36 所示，单击【确定】按钮，完成建模。

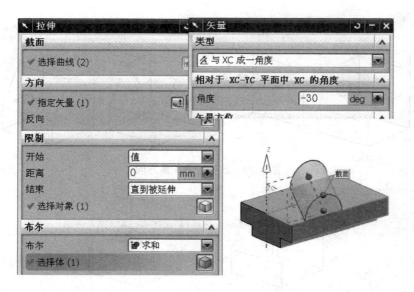

图 4.36　创建非正交的拉伸

4. 移动层

(1) 将草图移到 21 层。
(2) 将 61 层和 21 层设为"不可见"。

最终效果如图 4.37 所示。

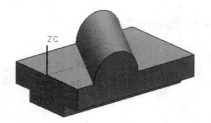

图 4.37　完成建模

### 4.4.3　知识总结——拉伸矢量

(1) 默认的拉伸矢量方向和截面曲线所在的面垂直，如图 4.38 所示。
(2) 设置矢量方向后，拉伸方向朝向指定的矢量方向，如图 4.39 所示。
(3) 改变拉伸方向。单击【反向】按钮，可以改变拉伸方向，如图 4.40 所示。

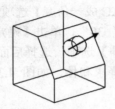

图 4.38　设置拉伸方向

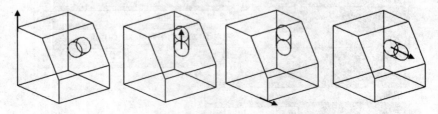

图 4.39　改变拉伸矢量方向

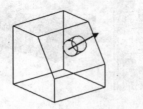 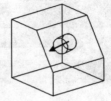

图 4.40　改变拉伸方向

## 4.5　带偏置的拉伸

### 4.5.1　案例介绍及知识要点

使用偏置拉伸完成如图 4.41 所示的模型。

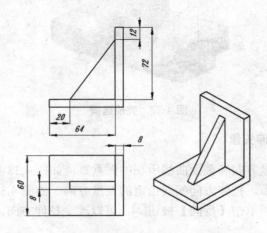

图 4.41　偏置拉伸

知识点：

偏置应用。

### 4.5.2 操作步骤

**1. 新建文件**

新建文件"\NX6\4\Study\Swept_extrude_Direction.prt"。

**2. 绘制草图**

绘制如图4.42所示的草图。

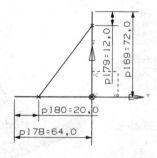

图 4.42　草图

**3. 拉伸草图**

(1) 在【特征】工具条上单击【拉伸】按钮，出现【拉伸】对话框，激活【截面】组，选择草图曲线。激活【方向】组，选择草图曲线为拉伸方向。在【限制】组中，从【结束】下拉列表框中选择【对称值】选项，在【距离】文本框中输入"30"；在【偏置】组中，从【偏置】下拉列表框中选择【两侧】选项，在【开始】文本框中输入"0"，在【结束】文本框中输入"-8"，如图4.43所示，单击【应用】按钮。

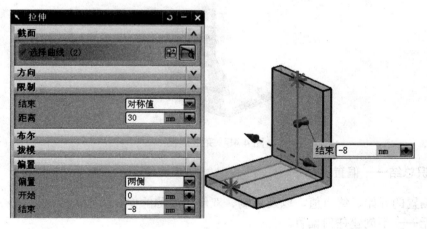

图 4.43　偏置拉伸(1)

(2) 激活【截面】组，选择草图曲线。激活【方向】组，选择拉伸方向。在【偏置】

组中，从【偏置】下拉列表框中选择【对称】选项，在【开始】文本框中输入"4"，在【结束】文本框中输入"4"；在【限制】组中，从【结束】下拉列表框中选择【直到被延伸】选项，选择对象；在【布尔】组中，从【布尔】下拉列表框中选择【求和】选项，如图4.44所示，单击【确定】按钮。

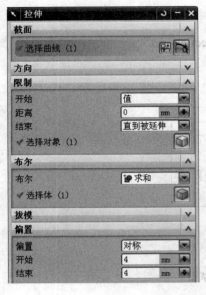
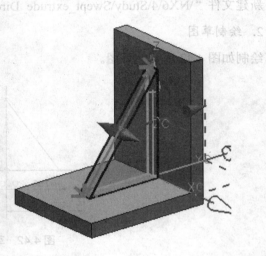

图 4.44　偏置拉伸(2)

**4. 移动层**

(1) 将草图移到21层。
(2) 将61层和21层设为"不可见"。

最终效果如图4.45所示。

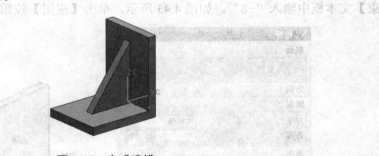

图 4.45　完成建模

### 4.5.3　知识总结——偏置

设置偏置的开始、终点值，以及单侧、双侧、对称的偏置类型。

(1) 无——不创建任何偏置。
(2) 单侧——只有封闭、连续的截面曲线，该选项才能使用。只有终点偏置值，则形成一个偏置的实体，如图4.46所示。
(3) 两侧——偏置为开始、终点两条边。偏置值可以为负值，如图4.47所示。

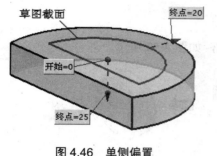 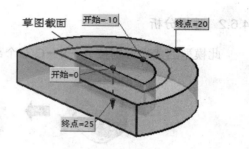

图 4.46 单侧偏置　　　　　　　图 4.47 两侧偏置

(4) 对称——向截面曲线两个方向偏置，偏置值相等，如图 4.48 所示。

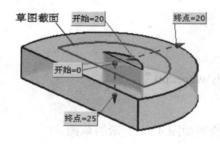

图 4.48 对称偏置

## 4.6 旋 转 操 作

### 4.6.1 案例介绍及知识要点

应用旋转功能创建模型，如图 4.49 所示。

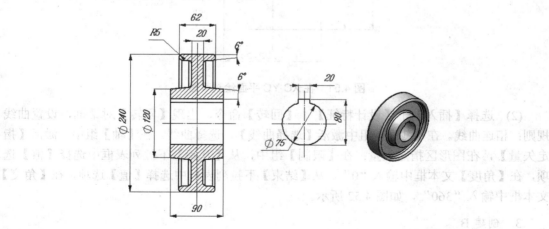

图 4.49 带轮

知识点：
掌握创建旋转特征的方法。

### 4.6.2 建模分析

此模型的建立分别按 A→B→C 三个部分完成，如图 4.50 所示。

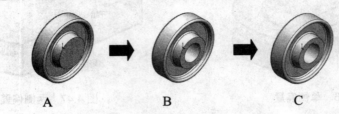

图 4.50　建模步骤

### 4.6.3 操作步骤

**1．新建文件**

新建文件"\NX6\4\Study\wheel.prt"。

**2．创建 A**

(1) 在 XC-YC 平面，绘制如图 4.51 所示的草图。

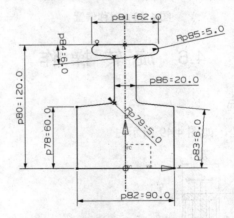

图 4.51　在 XC-YC 平面绘制草图

(2) 选择【插入】|【设计特征】|【回转】命令，出现【回转】对话框，设置曲线规则：相连曲线。在【截面】组中激活【选择曲线】，选择曲线。在【轴】组中，激活【指定矢量】，在图形区指定矢量；在【限制】组中，从【开始】下拉列表框中选择【值】选项，在【角度】文本框中输入"0"，从【结束】下拉列表框中选择【值】选项，在【角度】文本框中输入"360"，如图 4.52 所示。

**3．创建 B**

在【特征】工具条上单击【孔】按钮，出现【孔】对话框，从【类型】下拉列表框中选择【常规孔】选项。激活【位置】组，单击【点】按钮，选择面圆心点为孔的中心；在【方向】组中，从【孔方向】下拉列表框中选择【垂直于面】选项，指定矢量方向；在

【形状和尺寸】组中,从【成形】下拉列表框中选择【简单】选项;在【尺寸】组中,输入【直径】值为"75",从【深度限制】下拉列表中选择【贯通体】选项;在【布尔】组中,从【布尔】下拉列表框中选择【求差】选项,如图4.53所示。

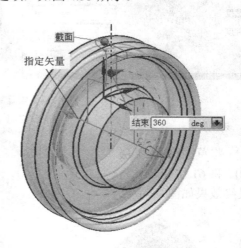

图4.52 旋转轮

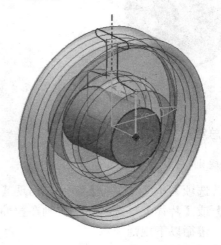

图4.53 打孔

4. 创建C

(1) 在【特征】工具条上单击【键槽】按钮，出现【键槽】对话框,从【类型】下拉列表框中选择【矩形】选项,选中【通槽】复选框,单击【确定】按钮。在图形区选择XC-YC基准平面为放置面,单击【接受默认边】按钮,在图形区选择水平方向,分别选择前后端面为起始通过面和结束通过面,出现【矩形键槽】对话框,在【宽度】文本框中输入"20",在【深度】文本框中输入"42.5",如图4.54所示。

(2) 单击【确定】按钮,出现【定位】对话框,单击【线到线】按钮,在图形区选择目标边和工具边,如图4.55所示。

图 4.54 设定键槽特征参数

**5. 移动层**

(1) 将草图移到 21 层。

(2) 将 61 层和 21 层设为"不可见"。

最终效果如图 4.56 所示。

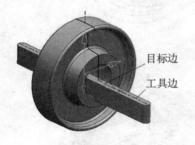

图 4.55 定位键槽

图 4.56 轮

### 4.6.4 知识总结——旋转

**1. 旋转规则**

选择【首选项】|【建模…】命令,出现【建模首选项】对话框,在【体类型】区域选中【实体】或【片体】单选按钮,控制在拉伸截面曲线时创建的是实体还是片体。当设定为实体时,遵循以下规则。

(1) 旋转开放的截面线串时,如果旋转角度小于 360°,创建为片体;如果旋转角度等于 360°,系统将自动封闭端面而形成实体。

(2) 旋转扫描的方向遵循右手定则,从起始角度旋转到终止角度。

(3) 起始角度和终止角度的范围为 -360°~360°。

(4) 起始角度可以大于终止角度。

(5) 结合旋转矢量的方向和起始角度、终止角度的设置得到想要的回转体。

**2. 操作**

选择【插入】|【设计特征】|【回转】命令,或单击【特征】工具条上的【回转】按钮,出现【回转】对话框,如图 4.57 所示。

# 第 4 章 创建扫掠特征

图 4.57 【回转】对话框

## 4.7 沿引导线扫掠

### 4.7.1 案例介绍及知识要点

应用沿引导线扫掠功能创建模型，如图 4.58 所示。

弹簧参数
圈数：6
螺距：6
大端中径：44
弹簧锥角度：10°
旋向：右旋
弹簧丝直径：4

图 4.58 弹簧

知识点：
掌握创建沿引导线扫掠特征的方法。

### 4.7.2 建模分析

此模型的建立过程如图 4.59 所示。

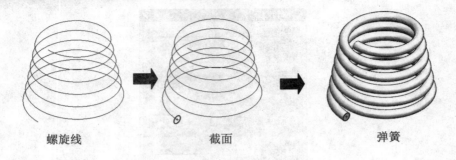

图 4.59　建模分析

### 4.7.3　操作步骤

1. 新建文件

新建文件"\NX6\4\Study\spring.prt"。

2. 创建螺旋线

(1) 在 XC-YC 平面，绘制如图 4.60 所示的规律曲线草图。

(2) 在 XC-YC 平面，绘制如图 4.61 所示的基线草图。

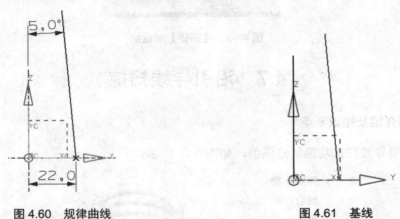

图 4.60　规律曲线　　　　　图 4.61　基线

(3) 选择【插入】|【曲线】|【螺旋线】命令，出现【螺旋线】对话框，在【圈数】文本框中输入"6"，在【螺距】文本框中输入"6"，在【半径方法】组中选中【使用规律曲线】单选按钮，在【旋转方向】组中选中【右手】单选按钮，单击【根据规律曲线】按钮，出现【规律曲线】对话框，在图形区选择"规律曲线"和"基线"，单击【确定】按钮，绘制螺旋线，如图 4.62 所示。

3. 创建截面

(1) 单击【特征】工具条中的【草图】按钮，出现【创建草图】对话框，在【类型】列表框中选择【在轨迹上】选项，选择螺旋线建立基准面，如图 4.63 所示。

(2) 绘制如图 4.64 所示的截面，并退出草图。

第 4 章 创建扫掠特征

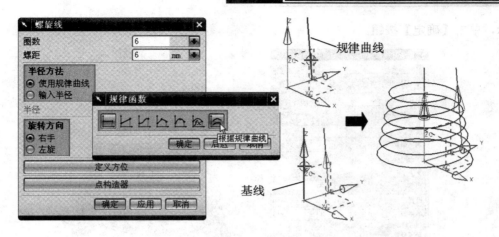

图 4.62 螺旋线

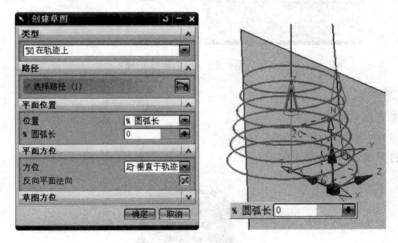

图 4.63 创建基准面

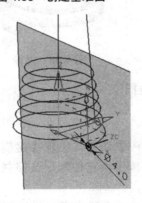

图 4.64 绘制截面

**4. 创建弹簧**

选择【插入】|【扫掠】|【沿引导线扫掠】命令，出现【沿引导线扫掠】对话框，激活【截面】组，在图形区选择截面，激活【引导线】组，在图形区选择引导线，如图 4.65

所示，单击【确定】按钮。

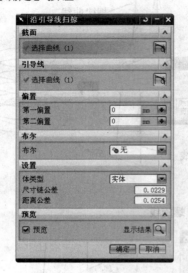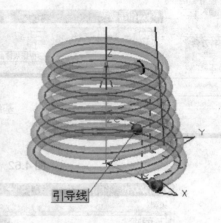

图 4.65  沿引导线扫掠

**5. 移动层**

(1) 将草图移到 21 层。

(2) 将 61 层和 21 层设为"不可见"。

完成的弹簧模型如图 4.66 所示。

图 4.66  弹簧

### 4.7.4  知识总结——沿引导线扫掠

**1. 沿引导线扫掠规则**

选择【首选项】|【建模…】命令，出现【建模首选项】对话框，在【体类型】区域选中【实体】或【片体】单选按钮，它控制在拉伸截面曲线时创建的是实体还是片体。当设置为实体时，遵循以下规则。

(1) 一个完全连续、封闭的截面线串沿引导线扫描时将创建一个实体。

(2) 一个开放的截面线串沿一条开放的引导线扫描时将创建一个片体。

(3) 一个开放的截面线串沿一条封闭的引导线扫描时将创建一个实体。系统自动封闭开放的截面线串两端面而形成实体。

(4) 当使用偏置扫描时，创建有厚度的实体。

(5) 每次只能选择一条截面线串和一条引导线串。

(6) 对于封闭的引导线串允许含有尖角，但截面线串应位于远离尖角的地方，而且需要位于引导线串的端点位置，如图 4.67 所示。

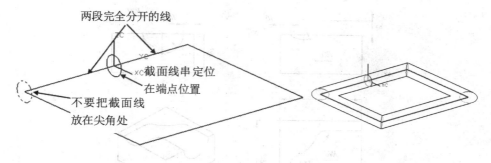

图 4.67　允许引导线串含有尖角

2. 操作

选择【插入】|【扫掠】|【沿引导线扫掠】命令，出现【沿引导线扫掠】对话框，如图 4.68 所示。

图 4.68　【沿引导线扫掠】对话框

## 4.8　扫　　掠

扫掠是指通过将一条或多条曲线轮廓沿一条、两条或三条引导线串且穿过空间中的一条路径来创建实体或片体。

## 4.8.1 案例介绍及知识要点

应用扫掠功能创建模型,如图 4.69 所示。

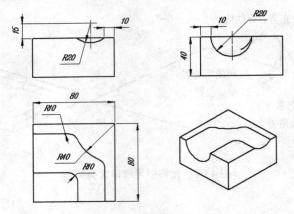

图 4.69 扫掠实例

知识点:

掌握创建扫掠特征的方法。

## 4.8.2 操作步骤

**1. 新建文件**

新建文件 "\NX6\4\Study\Swept_along_Guide.prt"。

**2. 新建长方体**

选择【插入】|【设计特征】|【长方体】命令,出现【长方体】对话框,在【长度】文本框中输入"80",在【宽度】文本框中输入"80",在【高度】文本框中输入"40",单击【确定】按钮,在坐标系原点(0, 0, 0)创建长方体,如图 4.70 所示。

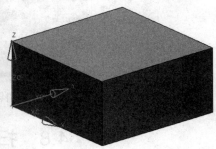

图 4.70 创建长方体

**3. 新建截面草图**

(1) 选择前表面,建立如图 4.71 所示的截面草图。

(2) 选择左表面，建立如图 4.72 所示的截面草图。

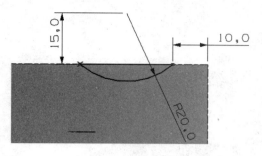

图 4.71 截面草图(1)

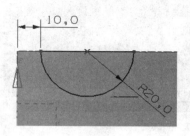

图 4.72 截面草图 2(2)

4. 新建引导线串

选择上面，建立如图 4.73 所示的引导线串。

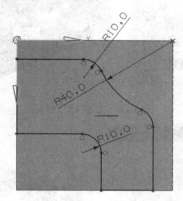

图 4.73 引导线串

5. 创建扫掠特征

选择【插入】|【扫掠】|【扫掠】命令，出现【扫掠】对话框，激活【截面】组，选择"截面 1"，单击中键，选择"截面 2"，单击中键。激活【引导线】组，选择"Guide(引导线)1"，单击中键，选择"Guide(引导线)2"，单击中键，如图 4.74 所示，单击【确定】按钮，建立扫掠曲面。

6. 修剪运算

选择【插入】|【修剪】|【修剪体】命令，出现【求差】对话框，激活【目标】组，在图形区选取目标实体，激活【刀具】组，在图形区选取一个工具实体，如图 4.75 所示，单击【确定】按钮。

7. 移动层

(1) 将草图移到 21 层，将片体移到 11。
(2) 将 61 层和 21 层设为"不可见"。

最终效果如图 4.76 所示。

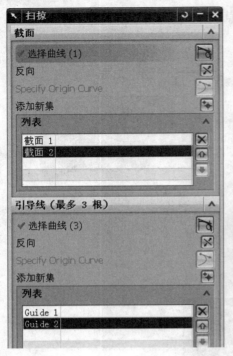
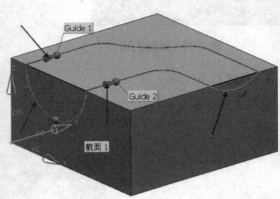

图 4.74 创建扫掠特征

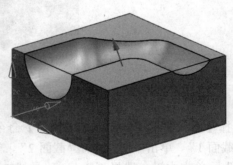

图 4.75 修剪运算

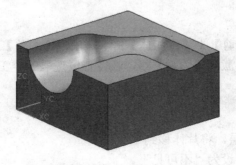

图 4.76 完成建模

### 4.8.3 知识总结——扫掠

**1. 扫掠规则**

选择【首选项】|【建模】命令,出现【建模首选项】对话框,在【体类型】区域选中【实体】单选按钮,它控制在拉伸截面曲线时创建的是实体还是片体。当设置为实体时,遵循以下规则。

扫掠——将截面曲线沿引导线扫掠成片体或实体,其截面曲线最少1条、最多150条,引导线最少1条、最多3条。

可以:
(1) 通过使用不同方式将截面线串沿引导线对齐来控制扫掠形状。
(2) 控制截面沿引导线扫掠时的方位。
(3) 缩放扫掠体。
(4) 使用脊线串控制截面的参数化。

**2. 操作**

选择【插入】|【扫掠】|【扫掠】命令,出现【扫掠】对话框,如图4.77所示。

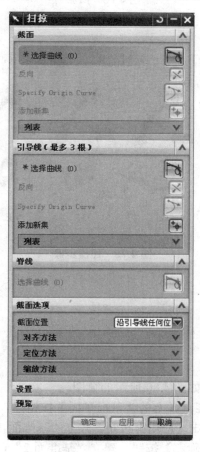

图 4.77 【扫掠】对话框

## 4.9 实战练习

应用扫掠功能创建如图 4.78 所示的模型,熟练掌握扫掠特征的应用。

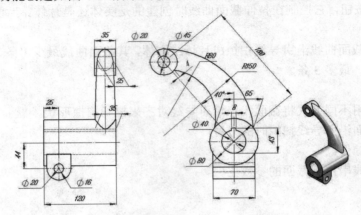

图 4.78 扫掠

### 4.9.1 建模分析

此模型的建立分别按 A→B→C→D→E→F 六个部分完成,如图 4.79 所示。

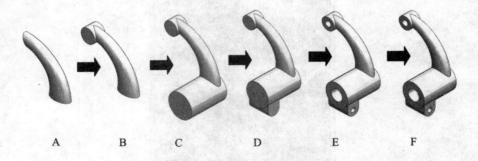

图 4.79 建模步骤

### 4.9.2 操作步骤

1. 新建文件

新建文件"\NX6\4\Study\fangy.prt"。

2. 创建 A

(1) 在 XC-ZC 平面绘制如图 4.80 所示的草图。

(2) 单击【特征操作】工具条上的【基准平面】按钮,出现【基准平面】对话框,选择"点 1"和"面 1",单击【应用】按钮,建立"基准面 1",如图 4.81(a)所示。选择"线 2"和"面 2",单击【确定】按钮,建立"基准面 2",如图 4.81(b)所示。

(3) 选择"基准面 1",绘制椭圆,选择"圆弧点 1"和"引导线 1"建立"点在曲线上"关系,选择"圆弧点2"和"引导线2"建立"点在曲线上"关系,椭圆的小圆半径为35,如图4.82(a)所示。选择"基准面2",绘制椭圆,选择"圆弧点1"和"引导线1"建立"点在曲线上"关系,选择"圆弧点2"和"引导线2"建立"点在曲线上"关系,椭圆小圆半径为25,如图4.82(b)所示。

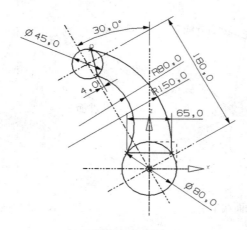

图 4.80 草图

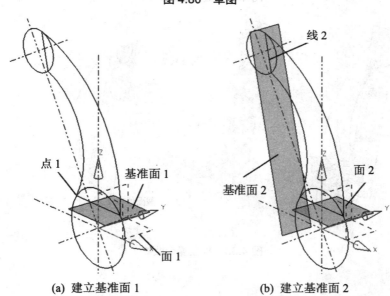

(a) 建立基准面1　　　　　　(b) 建立基准面2

图 4.81 建立基准面

(4) 选择【插入】|【关联复制】|【复合曲线】命令,出现【复合曲线】对话框,选择"截面线串1",单击【应用】按钮,选择"引导线1"和"引导线2",单击【应用】按钮,选择"截面线串2",单击【应用】按钮,如图4.83所示。

(5) 移动草图至21层,将21层设为"不可见",曲线草图如图4.84所示。

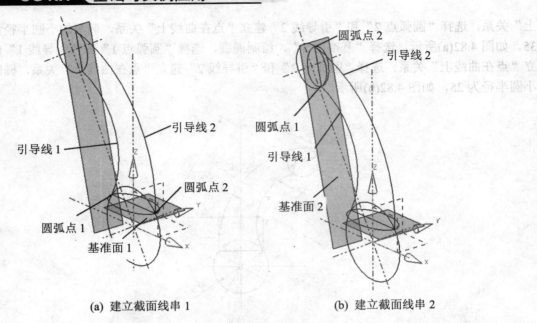

(a) 建立截面线串 1　　　　　　(b) 建立截面线串 2

图 4.82　建立截面草图

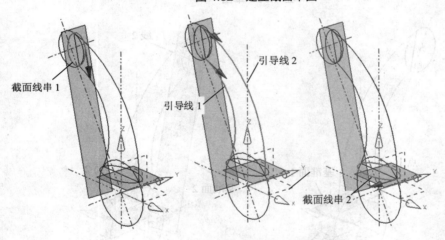

图 4.83　建立复合曲线

图 4.84　复合曲线草图

(6) 选择【编辑】|【曲线】|【分割】命令，出现【分割曲线】对话框，在【类型】

下拉列表框中选择【等分段】选项,在【分段】组的【分段长度】下拉列表框中选择【等参数】选项,在【段数】文本框中输入"4",在图形区选择截面曲线1,单击【应用】按钮。在图形区选择截面曲线2,单击【确定】按钮,如图4.85所示。

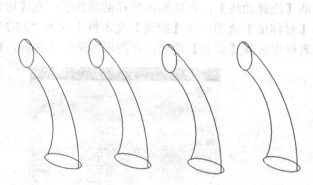

图 4.85 分割曲线

(7) 选择【扫掠】|【扫掠】命令,出现【扫掠】对话框,在【截面】组,激活【选择曲线】,在图形区选择截面1,单击【添加新集】按钮,继续选择截面2。在【引导线】组,激活【选择曲线】,在图形区选择引导线1,单击【添加新集】按钮,继续选择引导线2,如图4.86所示,单击【确定】按钮。

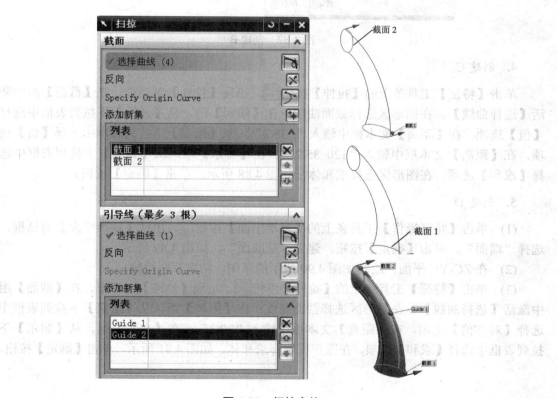

图 4.86 扫掠实体

注意：选择截面线串后的方向要一致。

3. 创建B

单击【特征】工具条上的【拉伸】按钮，出现【拉伸】对话框，在【截面】组中激活【选择曲线】，在图形区选择截面曲线；在【限制】组，从【结束】下拉列表框中选择【对称值】选项，在【距离】文本框中输入"35/2"；在【布尔】组，从【布尔】下拉列表框中选择【求和】选项，在图形区选择求和体，如图4.87所示，单击【确定】按钮。

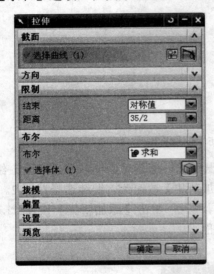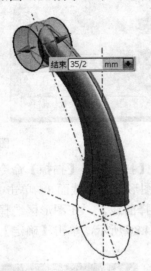

图4.87　创建B

4. 创建C

单击【特征】工具条上的【拉伸】按钮，出现【拉伸】对话框，在【截面】组中激活【选择曲线】，在图形区选择截面曲线；在【限制】组，从【开始】下拉列表框中选择【值】选项，在【距离】文本框中输入"-35/2"，从【结束】下拉列表框中选择【值】选项，在【距离】文本框中输入"120-35/2"；在【布尔】组，从【布尔】下拉列表框中选择【求和】选项，在图形区选择求和体，如图4.88所示，单击【确定】按钮。

5. 创建D

(1) 单击【特征操作】工具条上的【基准平面】按钮，出现【基准平面】对话框，选择"端面"，单击【确定】按钮，建立"基准面"，如图4.89所示。

(2) 在ZC-YC平面，绘制如图4.90所示的草图，结束草图绘制。

(3) 单击【特征】工具条上的【拉伸】按钮，出现【拉伸】对话框，在【截面】组中激活【选择曲线】，在图形区选择截面曲线；在【限制】组，从【结束】下拉列表框中选择【对称值】选项，在【距离】文本框中输入"70/2"；在【布尔】组，从【布尔】下拉列表框中选择【求和】选项，在图形区选择求和体，如图4.91所示，单击【确定】按钮。

第 4 章 创建扫掠特征

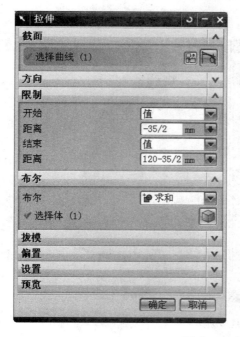
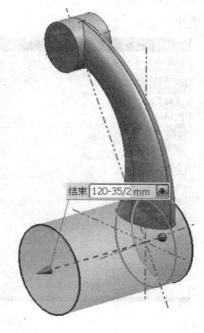

图 4.88 创建 C

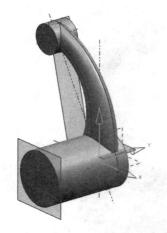

图 4.89 在端面建立基准面

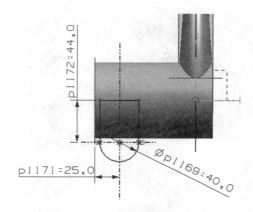

图 4.90 绘制草图

6．创建 E

单击【特征】工具条上的【孔】按钮，出现【孔】对话框，从【类型】下拉列表框中选择【常规孔】选项；在【方向】组中，从【孔方向】下拉列表框中选择【垂直于面】选项；在【形状和尺寸】组，从【成形】下拉列表框中选择【简单】选项，在【直径】文本框中输入"20"；在【布尔】组，从【布尔】下拉列表框中选择【求差】选项；在图形区选择求差体；在【位置】组，激活【指定点】，在图形区选择圆心，单击【应用】按钮，建立孔 1。在【直径】文本框中输入"40"，激活【指定点】，在图形区选择圆心，建立孔 2；在【直径】文本框中输入"16"，激活【指定点】，在图形区选择圆心，建立孔 3，如图4.92所示。

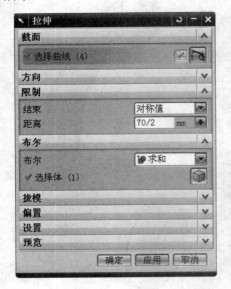 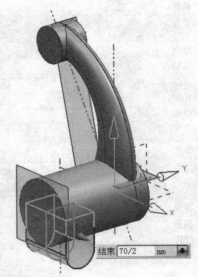

图4.91 创建D

 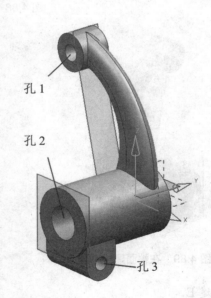

图4.92 创建E

7. 创建F

(1) 单击【特征】工具条上的【键槽】按钮，出现【键槽】对话框，选中【矩形】单选按钮，选中【通槽】复选框，如图4.93所示，单击【确定】按钮。

(2) 在图形区选择放置面、水平方向、起始面和终止面，如图4.94所示。

(3) 出现【矩形键槽】对话框，在【宽度】文本框中输入"8"，在【深度】文本框中输入"23"，单击【确定】按钮，出现【定位】对话框，单击【线到线】按钮，在图形区选择目标边和工具边,如图 4.95 所示,单击【确定】按钮。

图 4.93 选择类型

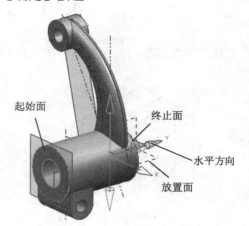

图 4.94 选择放置面

图 4.95 定位键槽

8. 移动层

(1) 将曲线移到 41 层。

(2) 将 61 层、21 层和 41 层设为"不可见"。

最终效果如图 4.96 所示。

图 4.96 完成建模

## 4.10 上机练习

完成下面的模型,如图 4.97~图 4.112 所示。

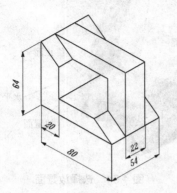

图 4.97 练习图 1

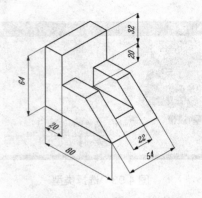

图 4.98 练习图 2

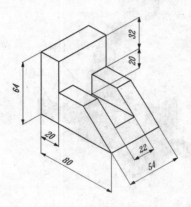

图 4.99 练习图 3

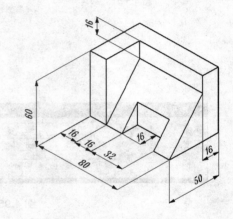

图 4.100 练习图 4

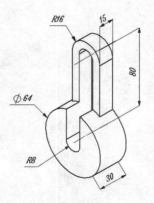

图 4.101 练习图 5

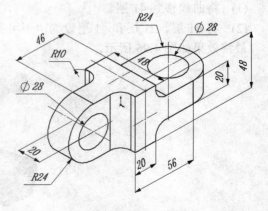

图 4.102 练习图 6

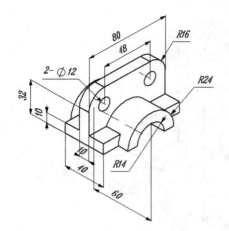

图 4.103　练习图 7

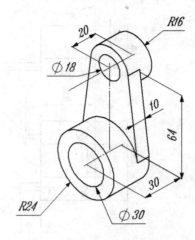

图 4.104　练习图 8

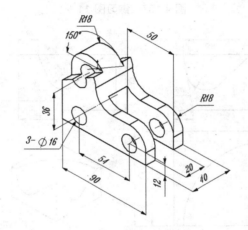

图 4.105　练习图 9

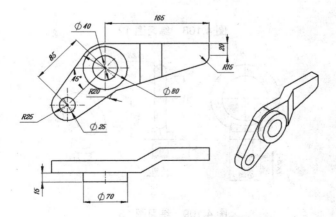

图 4.106　练习图 10

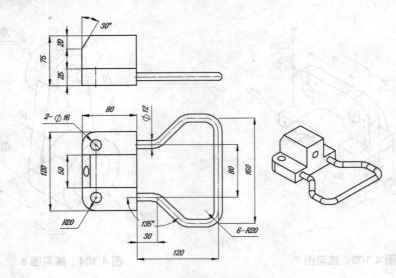

图 4.107　练习图 11

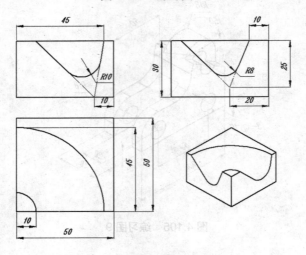

图 4.108　练习图 12

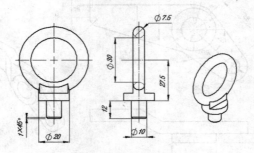

图 4.109　练习图 13

# 第 4 章 创建扫掠特征

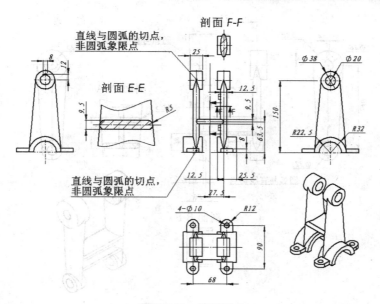

图 4.110 练习图 14

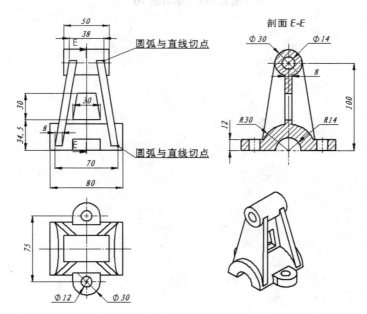

图 4.111 练习图 15

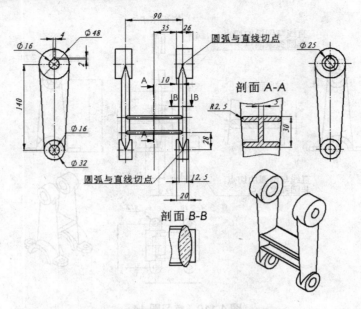

图 4.112 练习图 16

# 第 5 章 创建设计特征

设计特征必须以基体为基础，通过增加材料或减去材料将这些特征增加到基体中，系统自动确定是布尔和或是布尔差操作。这些设计特征有：孔特征、圆台特征、腔体特征、凸垫特征、键槽特征和沟槽特征。

## 5.1 创建孔特征

使用孔命令可以建立如下类型的孔特征。
(1) 常规孔(简单、沉头、埋头或锥形状)。
(2) 钻形孔。
(3) 螺钉间隙孔(简单、沉头或埋头形状)。
(4) 螺纹孔。
(5) 孔系列(部件或装配中一系列多形状、多目标体、对齐的孔)。

### 5.1.1 案例介绍及知识要点

应用设计特征创建模型，如图 5.1 所示。

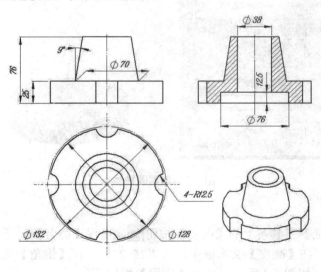

图 5.1 轴

知识点：
- 理解设计特征的概念。
- 掌握创建孔的方法。

### 5.1.2 建模分析

建模过程如图 5.2 所示。

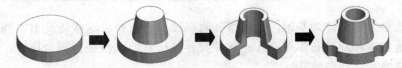

图 5.2 建模过程

### 5.1.3 操作步骤

1. 新建文件

新建文件 "\NX6\5\Study\flange.prt"。

2. 创建圆柱体

选择【插入】|【设计特征】|【圆柱】命令，出现【圆柱】对话框，在【轴】组中激活【指定矢量】，在图形区选择 OZ 轴，在【直径】文本框中输入"128"，在【高度】文本框中输入"25"，单击【确定】按钮，如图 5.3 所示。

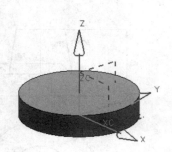

图 5.3 创建圆柱体

3. 创建凸台

(1) 单击【特征】工具条上的【凸台】按钮，出现【凸台】对话框，在【直径】文本框中输入"70"，在【高度】文本框中输入"76-25"，在【锥角】文本框中输入"9"，选择端面为放置面，如图 5.4 所示，单击【应用】按钮。

(2) 出现【定位】对话框，单击【点到点】按钮，在图形区选择端面边缘，如图 5.5 所示。

## 第 5 章 创建设计特征

 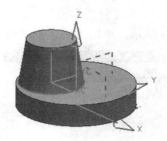

图 5.4 建立凸台

图 5.5 定位

(3) 出现【设置圆弧的位置】对话框，单击【圆弧中心】按钮，如图 5.6 所示。

图 5.6 创建凸台

4. 打底孔

在【特征】工具条上单击【孔】按钮，出现【孔】对话框，从【类型】下拉列表框中选择【常规孔】选项。激活【位置】组，单击【点】按钮，选择面圆心点为孔的中心，在【方向】组中的【孔方向】下拉列表框中选择【垂直于面】选项。在【形状和尺寸】组中的【成形】下拉列表框中选择【沉头孔】选项。在【尺寸】组中的【沉头孔直径】文本框中输入"76"，在【沉头孔深度】文本框中输入"12.5"，在【直径】文本框中输入"38"，从【深度限制】下拉列表框中选择【直至下一个】选项，如图 5.7 所示，单击【确定】按钮。

5. 打四周孔

(1) 在【特征】工具条上单击【孔】按钮，出现【孔】对话框，从【类型】下拉列表框中选择【常规孔】选项。激活【位置】组，单击【绘制草图】按钮，选择底面绘制圆心点草图，如图 5.8 所示。

(2) 退出草图。在【方向】组中，从【孔方向】下拉列表框中选择【沿矢量】选项，选择 OX 方向，在【形状和尺寸】组中，从【成形】下拉列表框中选择【简单】选项。在

【尺寸】组中，输入【直径】值为"25"，从【深度限制】下拉列表框中选择【贯通体】选项，如图 5.9 所示，单击【确定】按钮。

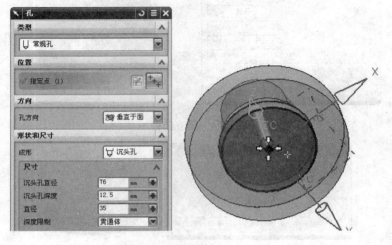

图 5.7  打孔

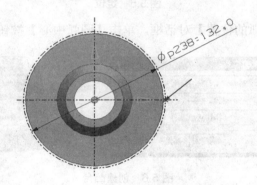

图 5.8  绘制圆心点草图

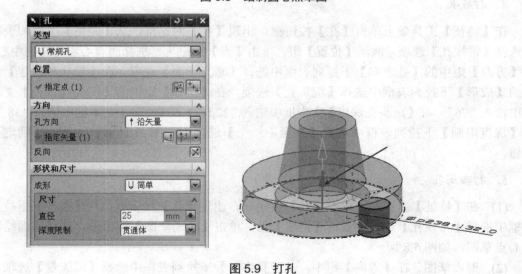

图 5.9  打孔

(3) 在【特征】工具条上单击【实例特征】按钮，出现【实例】对话框，单击【圆形阵列】按钮，出现【实例】列表，选择【简单孔】，单击【确定】按钮，出现【输入参数】对话框，在【方法】组中选中【常规】单选按钮，在【数字】文本框中输入"4"，在【角度】文本框中输入"360/4"，单击【确定】按钮，选择"旋转轴"，如图5.10所示，单击【确定】按钮。

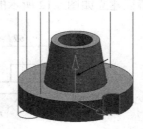

图 5.10 阵列底孔

6. 保存

建模结束，选择【文件】|【保存】命令。

### 5.1.4 步骤点评

(1) 对于步骤 4：利用已存在点，定义孔特征中心。捕捉点和选择意图选项可用于辅助选择已存在的点或特征点。

(2) 对于步骤 5：打开【草图】对话框，在草图中建立一个点。

(3) 对于步骤 5：如需建立本例中的圆周均布孔，根据参数化建模思想，应采用圆周阵列，不宜在草图中建立圆周阵列点。

### 5.1.5 知识总结——创建孔特征

1. 孔特征概述

使用孔命令可以建立如下类型的孔特征。

(1) 常规孔(简单、沉头、埋头或锥形状)。

(2) 钻形孔。

(3) 螺钉间隙孔(简单、沉头或埋头形状)。

(4) 螺纹孔。

(5) 孔系列(部件或装配中一系列多形状、多目标体、对齐的孔)。

2. 操作

孔特征操作主要根据【孔】对话框来进行。选择【插入】|【设计特征】|【孔】命令，或单击【特征】工具条上的【孔】按钮，都可以打开【孔】对话框(如图 5.11 所示)。

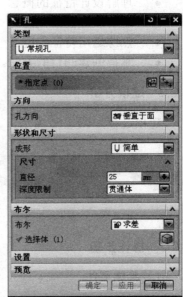

图 5.11 【孔】对话框

## 5.2 建立凸台

### 5.2.1 案例介绍及知识要点

运用设计特征建立如图 5.12 所示的模型。

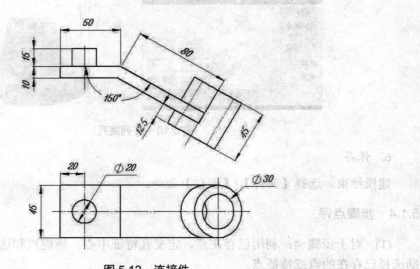

图 5.12 连接件

知识点:
- 理解设计特征的概念。
- 理解放置面的概念。
- 熟练运用特征定位。
- 掌握创建凸台的方法。

### 5.2.2 建模分析

建模过程如图 5.13 所示。

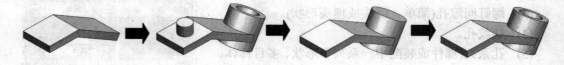

图 5.13 建模过程

### 5.2.3 操作步骤

**1. 新建文件**

新建文件 "\NX6\5\Study\link.prt"。

## 2. 创建基体

(1) 在【特征】工具条上单击【拉伸】按钮，出现【拉伸】对话框，激活【截面】组，单击【绘制草图】按钮，选择 YC-ZC 平面绘制草图，如图 5.14 所示。

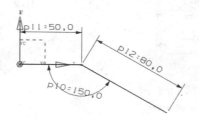

图 5.14 选择 YC-ZC 平面绘制草图

(2) 在【方向】组中，指定矢量方向。在【限制】组中，从【结束】下拉列表框中选择【对称值】选项，输入【距离】值为 "45/2"；从【布尔】下拉列表框中选择【无】选项；在【偏置】组中，从【偏置】下拉列表框中选择【两侧】选项，输入【开始】值为 "0"，输入【结束】值为 "10"，如图 5.15 所示。

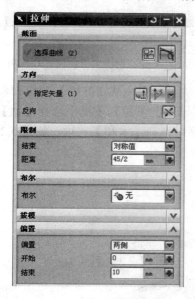
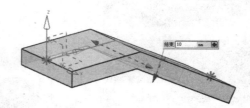

图 5.15 创建基体

## 3. 创建凸台

(1) 在【特征】工具条上单击【凸台】按钮，出现【凸台】对话框，输入【直径】值为 "20"，输入【高度】值为 "15"，单击【确定】按钮，如图 5.16 所示。

(2) 出现【定位】对话框，单击【点到线】按钮，选择目标边，如图 5.17 所示。

(3) 单击【垂直】按钮，选择目标边，输入距离 20，如图 5.18 所示。

## 4. 创建带孔凸台

(1) 在【特征】工具条上单击【拉伸】按钮，出现【拉伸】对话框，激活【截面】

组，单击【绘制草图】按钮，选择基体表面绘制草图，如图 5.19 所示。

图 5.16 【凸台】对话框

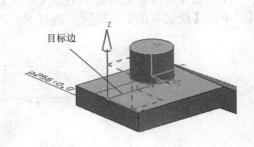

图 5.17 【点到线】定位

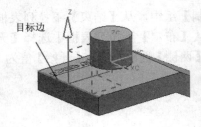

图 5.18 【垂直】定位

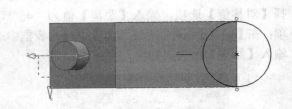

图 5.19 选择基体表面绘制草图

(2) 在【方向】组中，默认矢量方向。在【限制】组中，从【开始】下拉列表框中选择【值】选项，输入【距离】值为"-22.5"，从【结束】下拉列表框中选择【值】选项，输入【距离】值为"22.5"；从【布尔】下拉列表框中选择【求和】选项，如图 5.20 所示。

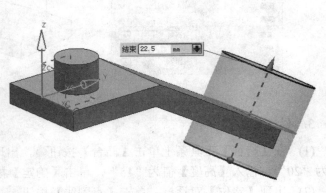

图 5.20 创建凸台特征

(3) 在【特征】工具条上单击【孔】按钮，出现【孔】对话框，从【类型】下拉列表框中选择【常规孔】选项。在【位置】组中，选择圆心点作为孔的中心；在【方向】组中，从【孔方向】下拉列表框中选择【垂直于面】选项；在【形状和尺寸】组中，从【成形】下拉列表框中选择【简单】选项；输入【直径】值为"30"，从【深度限制】下拉列表框中选择【贯通体】选项；在【布尔】组中，从【布尔】下拉列表框中选择【求差】选项，如图 5.21 所示。

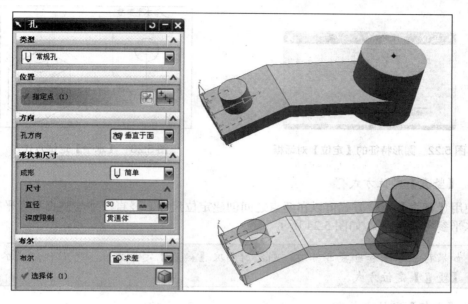

图 5.21 创建的孔特征

### 5.2.4 步骤点评

(1) 对于步骤 2：创建的草图为"内部草图"，在【部件导航器】中右键单击【拉伸】按钮，选择【使草图为外部的】命令，可将草图变成外部草图。

(2) 对于步骤 3：利用正交尺寸代替水平和垂直尺寸，不需要定义水平参考。

### 5.2.5 知识总结——选择放置面

所有此类设计特征都需要一个放置面(Placement Face)，对于圆台、腔体、凸垫、键槽等特征，放置面必须是平面。

放置面通常是选择已有实体的表面，如果没有可用作放置面的平面，可用使用相对基准平面作为放置面。

特征是正交于放置面建立的，而且与放置面相关联。

### 5.2.6 知识总结——定位圆形特征

特征的定位是指在放置面内确定特征的位置。在定位特征时，系统要求选择目标边和工具边。基体上的边缘或基准被称为目标边，特征上的边缘或特征坐标轴被称为工具边。对于圆形特征(如孔、圆台)无需选择工具边，定位尺寸为圆心(特征坐标系的原点)到目标边的垂直距离。

圆形特征的【定位】对话框如图 5.22 所示，各定位方式介绍如下。

1. 【水平】定位方式

使用【水平】定位方式可以在两点之间创建定位尺寸。水平尺寸与水平参考平行，或与竖直参考成90°，如图5.23所示。

图5.22 圆形特征的【定位】对话框

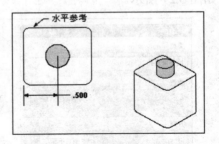

图5.23 【水平】定位方式

2. 【竖直】定位方式

使用【竖直】定位方式可以在两点之间创建定位尺寸。竖直尺寸与竖直参考平行，或与水平参考成90°，如图5.24所示。

技巧：如果存在水平和垂直目标边，则使用两次【垂直】定位方式，可以代替【水平】和【竖直】定位方式。

3. 【平行】定位方式

使用【平行】定位方式创建的定位尺寸可约束两点(例如现有点、实体端点、圆弧中心点或圆弧切点)之间的距离，并平行于工作平面测量。如图5.25所示，通过尺寸将垫块约束到块上。可以将平行尺寸想象为一根连接指定距离的两点的绳子，需要3根"绳子"定位此特征。

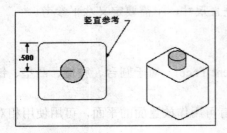

图5.24 【竖直】定位方式

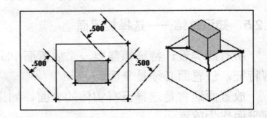

图5.25 【平行】定位方式(1)

说明：创建圆弧上的切点的平行或任何其他线性类型的尺寸标注时，有两个可能的切点。必须选择所需的相切点附近的圆弧，如图5.26所示。

4. 【垂直】定位方式

使用【垂直】定位方式创建的定位尺寸，可约束目标实体的边缘与特征，或草图上两点之间的垂直距离。还可通过将基准平面或基准轴选作目标边缘，或选择任何现有曲线(不必在目标实体上)定位到基准。此约束用于标注与XC或YC轴不平行的线性距离，仅以指定的距离将特征或草图上的点锁定到目标体上的边缘或曲线，如图 5.27 所示。

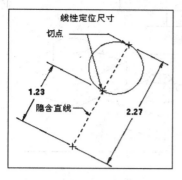

图 5.26 【平行】定位方式(2)

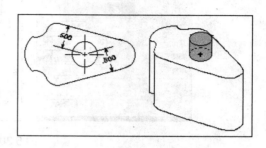

图 5.27 【垂直】定位方式

5. 【点到点】定位方式

使用【点到点】定位方式创建定位尺寸的方法与【平行】定位方式相同，但是两点之间的固定距离设置为零，如图 5.28 所示。

6. 【点到线】定位方式

使用【点到线】定位方式创建定位约束尺寸的方法与【垂直】定位方式相同，但是边或曲线与点之间的距离设置为零，如图 5.29 所示。

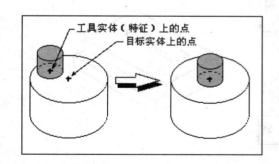

图 5.28 【点到点】定位方式

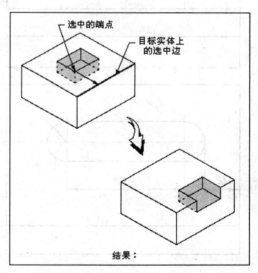

图 5.29 【点到线】定位方式

### 5.2.7 知识总结——凸台的创建

可以在平的表面或基准平面上创建凸台，凸台结构如图 5.30 所示。

**说明**：凸台的拔模角允许为负值。

 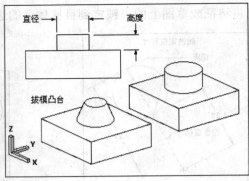

图 5.30 凸台

## 5.3 建立腔与键槽

### 5.3.1 案例介绍及知识要点

运用设计特征建立如图 5.31 所示的模型。

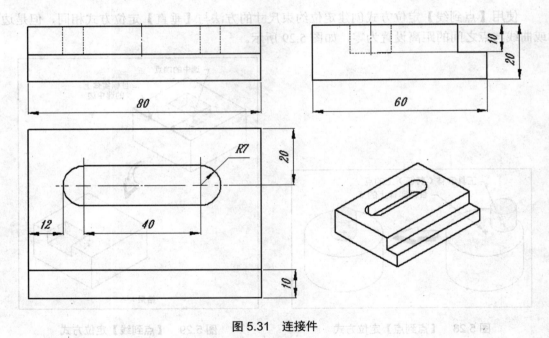

图 5.31 连接件

知识点：

- 理解设计特征的概念。
- 理解放置面的概念。
- 熟练运用特征定位。
- 掌握创建腔与键槽的方法。

## 5.3.2 操作步骤

1. 新建文件

新建文件"\NX6\5\Study\cavity_key.prt"。

2. 创建基体

选择【插入】|【设计特征】|【长方体】命令,出现【长方体】对话框,从【类型】下拉列表框中选择【原点和边长】;在【尺寸】组中,在【长度】文本框中输入"60",在【宽度】文本框中输入"80",在【高度】文本框中输入"20",单击【确定】按钮,创建长方体,如图 5.32 所示。

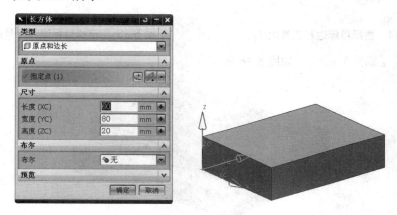

图 5.32 创建基体

3. 创建腔体

(1) 在【特征】工具条上单击【腔体】按钮,出现【腔体】对话框,单击【矩形】按钮,出现【矩形腔体】对话框,选择放置面,选择水平方向,在【长度】文本框中输入"80",在【宽度】文本框中输入"10",在【深度】文本框中输入"10",如图 5.33 所示,单击【确定】按钮。

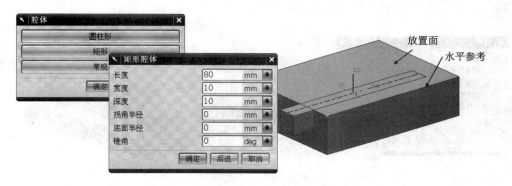

图 5.33 【矩形腔体】对话框

(2) 出现【定位】对话框，单击【线到线】按钮，选择目标边和工具边，如图 5.34 所示。

(3) 单击【线到线】按钮，选择目标边和工具边，如图 5.35 所示。

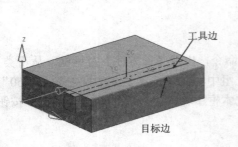 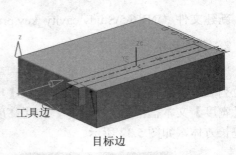

图 5.34　选择目标边和工具边(1)　　　图 5.35　选择目标边和工具边(2)

(4) 单击【确定】按钮，如图 5.36 所示。

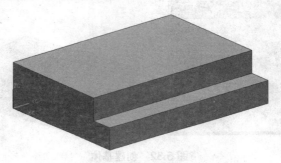

图 5.36　创建腔体

**4. 创建键槽**

(1) 在【特征】工具条上单击【键槽】按钮，出现【键槽】对话框，选中【矩形】单选按钮，单击【确定】按钮，选择放置面和水平方向，出现【矩形键槽】对话框，在【长度】文本框中输入"14+40"，在【宽度】文本框中输入"14"，在【深度】文本框中输入"10"，如图 5.37 所示，单击【确定】按钮。

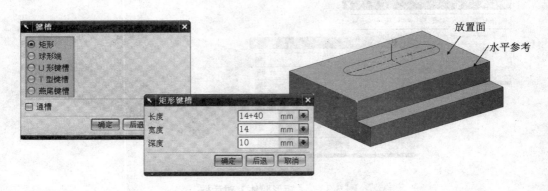

图 5.37　【矩形键槽】对话框

(2) 出现【定位】对话框,单击【水平】按钮,选择目标边和工具边,出现【设置圆弧的位置】对话框,单击【相切点】按钮,输入距离 12,如图 5.38 所示。

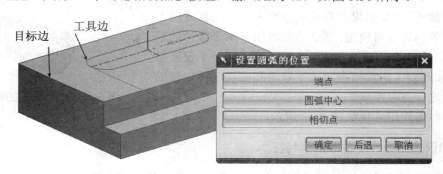

图 5.38 水平定位

(3) 单击【竖直】按钮,选择目标边和工具边,输入距离 20,如图 5.39 所示。

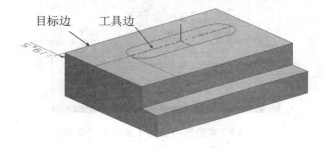

图 5.39 竖直定位

(4) 单击【确定】按钮,如图 5.40 所示。

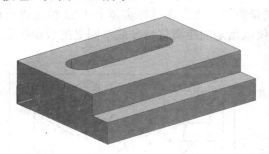

图 5.40 创建键槽

### 5.3.3 知识总结——选择水平参考

对于圆形特征,如圆台,不需要指定水平和垂直参考;而对于非圆形特征,如腔体、凸垫和键槽,则必须指定水平参考或垂直参考。

水平参考定义了特征坐标系的 XC 轴方向,任何不垂直于放置面的线性边缘、平面、基准轴和基准面,均可被选择用来定义水平参考。水平参考要求定义在具有长度参数的成形特征的长度方向上,如腔体、凸垫和键槽。

如果在真正的水平方向上没有有效的边缘可使用，则可以指定一个垂直参考。根据垂直参考方向，系统将会推断出水平参考方向。如果在真正的水平方向和垂直方向上都没有有效的边缘可使用，则必须创建用于水平参考的基准面或基准轴。在创建这些设计特征之前，用户不仅要考虑放置面，还要考虑如何指定水平参考和如何选择定位的目标边，这一点很重要。

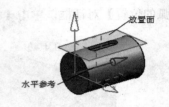

图 5.41　水平参考应用实例

水平参考应用实例如图 5.41 所示。

### 5.3.4　知识总结——定位非圆形特征

非圆形特征的【定位】对话框如图 5.42 所示，各定位方式介绍如下。

图 5.42　非圆形特征的【定位】对话框

**1.【按一定距离平行】定位方式**

使用【按一定距离平行】定位方式可以创建一个定位尺寸，它对特征或草图的线性边和目标实体(或者任意现有曲线，或不在目标实体上)的线性边进行约束，以使其平行并相距固定的距离。此约束仅以指定的距离将特征或草图上的边缘锁定到目标体上的边缘或曲线，如图 5.43 所示。

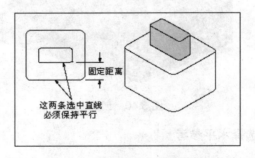

图 5.43　【按一定距离平行】定位方式

**说明：**【按一定距离平行】定位方式约束了两个自由度：移动自由度和 ZC 轴旋转自由度。

**2.【成角度】定位方式**

【成角度】定位方式以给定角度，在特征的线性边和线性参考边/曲线之间创建定位约束尺寸，如图 5.44 所示。

3. 【直线到直线】定位方式

【直线到直线】定位方式采用和【按一定距离平行】定位方式相同的方法创建定位约束尺寸，但是在目标实体上，特征或草图的线性边与线性边或曲线之间的距离设置为零，如图 5.45 所示。

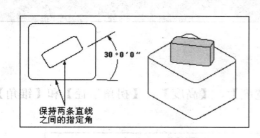

图 5.44　【成角度】定位方式

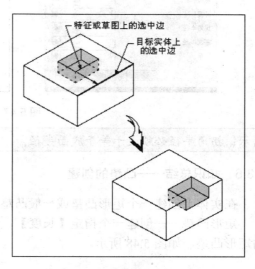

图 5.45　【直线到直线】定位方式

### 5.3.5　知识总结——腔体的创建

可以在实体上创建一个圆柱形腔体、矩形腔体或一般腔体。

(1) 圆柱形腔体——创建一个指定【直径】、【深度】、【底面半径】和【锥角】的圆柱形腔体，如图 5.46 所示。

 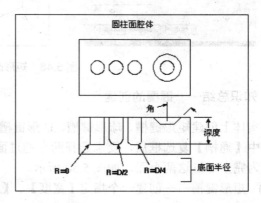

图 5.46　圆柱形腔体

提示：深度值必须大于底面半径。

(2) 矩形腔体——创建一个指定【长度】、【宽度】、【高度】、【拐角半径】、【底面半径】和【锥角】的矩形腔体，如图 5.47 所示。

 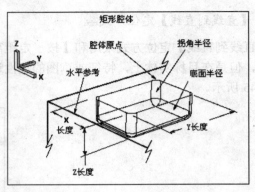

图 5.47　矩形腔体

**提示：拐角半径必须大于等于底面半径。**

### 5.3.6　知识总结——凸垫的创建

在实体上创建一个矩形凸垫或一般凸垫。

矩形凸垫——创建一个指定【长度】、【宽度】、【高度】、【拐角半径】和【锥角】的矩形凸垫，如图 5.48 所示。

 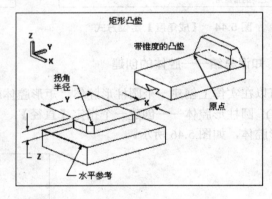

图 5.48　矩形凸垫

### 5.3.7　知识总结——键槽的创建

在实体上创建矩形键槽、球形键槽、U 形键槽、T 形键槽或燕尾键槽，如图 5.49 所示。

选中【通槽】复选框后，要求选择两个通过面——起始通过面和终止通过面。槽的长度定义为完全通过这两个面，如图 5.50 所示。

（1）矩形键槽——创建一个指定【宽度】、【深度】和【长度】的矩形键槽，如图 5.51 所示。

# 第 5 章 创建设计特征

图 5.49 【键槽】对话框

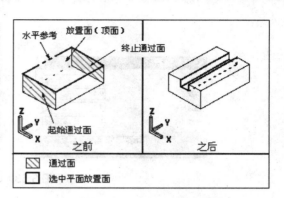

图 5.50 通槽示意图

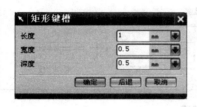

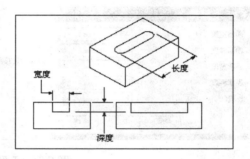

图 5.51 矩形键槽

(2) 球形键槽——创建一个指定【球直径】、【深度】和【长度】的球形键槽，如图 5.52 所示。

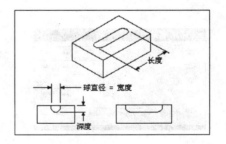

图 5.52 球形键槽

**说明**：球形键槽保留了完整半径的底部和拐角。其深度值必须大于球体半径(球体直径的一半)。

(3) U 形键槽——创建一个指定【宽度】、【深度】、【拐角半径】和【长度】的 U 形键槽，如图 5.53 所示。

**说明**：深度值必须大于拐角半径。

(4) T 形键槽——创建一个指定【顶部宽度】、【顶部深度】、【底部宽度】、【底部深度】和【长度】的 T 形键槽，如图 5.54 所示。

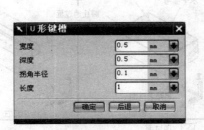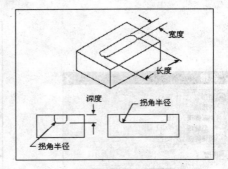

图 5.53  U 形键槽

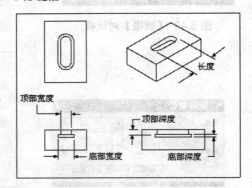

图 5.54  T 形键槽

(5) 燕尾形键槽——创建一个指定【宽度】、【深度】、【角度】和【长度】的燕尾形键槽，如图 5.55 所示。

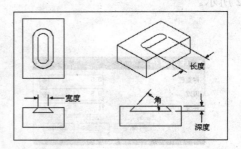

图 5.55  燕尾形键槽

## 5.4  建立沟槽

### 5.4.1  案例介绍及知识要点

运用设计特征建立如图 5.56 所示的模型。

# 第 5 章 创建设计特征

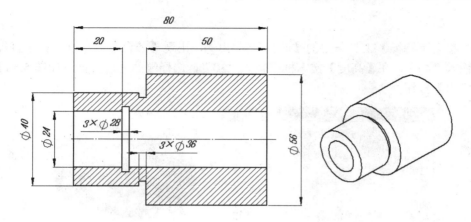

图 5.56 沟槽的创建

知识点：

- 理解设计特征的概念。
- 理解沟槽放置面的概念。
- 熟练运用特征定位。
- 掌握创建沟槽的方法。

## 5.4.2 操作步骤

1. 新建文件

新建文件"\NX6\5\Study\tool_recess.prt"。

2. 创建圆柱体

选择【插入】|【设计特征】|【圆柱】命令，出现【圆柱】对话框，在【轴】组中激活【指定矢量】，在图形区选择 OY 轴，在【直径】文本框中输入"56"，在【高度】文本框中输入"50"，单击【确定】按钮，如图 5.57 所示。

 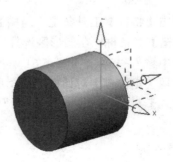

图 5.57 创建圆柱体

### 3. 创建凸台

(1) 单击【特征】工具条上的【凸台】按钮，出现【凸台】对话框，在【直径】文本框中输入"40"，在【高度】文本框中输入"30"，选择端面为放置面，如图5.58所示，单击【应用】按钮。

 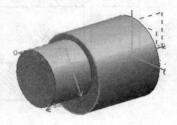

图5.58 设置凸台参数

(2) 出现【定位】对话框，单击【点到点】按钮，在图形区选择端面边缘，出现【设置圆弧的位置】对话框，单击【圆弧中心】按钮，效果如图5.59所示。

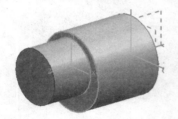 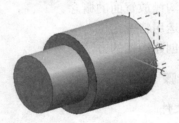

图5.59 建立凸台

### 4. 创建孔

在【特征】工具条上单击【孔】按钮，出现【孔】对话框，从【类型】下拉列表框中选择【常规孔】选项。激活【位置】组，单击【点】按钮，选择面圆心点作为孔的中心；在【方向】组中，从【孔方向】下拉列表框中选择【垂直于面】选项；在【形状和尺寸】组中，从【成形】下拉列表框中选择【简单】选项；在【直径】文本框中输入"24"，从【深度限制】下拉列表框中选择【贯通体】选项，如图5.60所示，单击【确定】按钮。

### 5. 创建外沟槽

(1) 单击【特征】工具条上【沟槽】按钮，出现【槽】对话框，单击【矩形】按钮，出现【矩形槽】对话框，在图形区选择放置面，在【槽直径】文本框中输入"36"，在【宽度】文本框中输入"3"，如图5.61所示，单击【确定】按钮。

(2) 出现【定位槽】对话框，在图形区选择端面边缘(工具边)和槽边缘(目标边)，出现【创建表达式】对话框，输入距离"0"，即创建外沟槽，如图5.62所示，单击【确定】按钮。

### 6. 创建内沟槽

(1) 单击【特征】工具条上的【沟槽】按钮，出现【槽】对话框，单击【矩形】按钮,出现【矩形槽】对话框,在图形区选择放置面,在【槽直径】文本框中输入"28",在【宽度】文本框中输入"3",如图5.63所示,单击【确定】按钮。

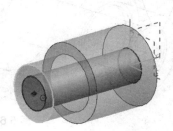

图5.60 打孔

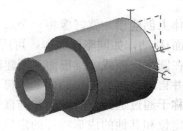

图5.61 建立沟槽(1)

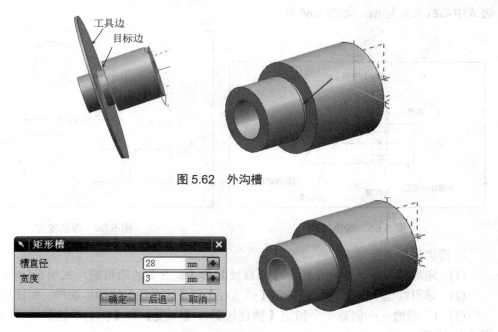

图5.62 外沟槽

图5.63 建立沟槽(2)

(2) 出现【定位槽】对话框,在图形区选择端面边缘(工具边)和槽边缘(目标边),如

图 5.64 所示，出现【创建表达式】对话框，输入距离为"20"，即创建内沟槽，如图 5.64 所示，单击【确定】按钮。

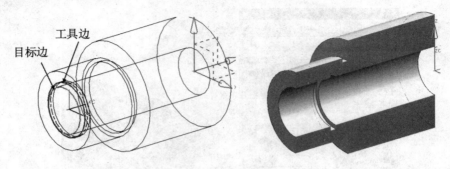

图 5.64　内沟槽

### 5.4.3　知识总结——沟槽的创建

在实体上创建槽，就好像将一个成形工具在旋转部件上向内(从外部定位面)或向外(从内部定位面)移动，如同车削操作。可用的沟槽类型为：矩形、球形端或 U 形槽。

只能在圆柱形面或圆锥形面上创建沟槽。旋转轴是选定面的轴。槽在面的位置(选择点)附近创建并自动连接到选定的面上。可以选择一个外部的或内部的面作为槽的定位面，槽的轮廓对称于通过选择点的平面并垂直于旋转轴，如图 5.65 所示。

槽的定位和其他的成形特征的定位稍有不同。只能在一个方向上定位槽，即沿着目标实体的轴定位槽，而不会出现定位尺寸菜单。通过选择目标实体的一条边及工具(即槽)的边或中心线来定位槽，如图 5.66 所示。

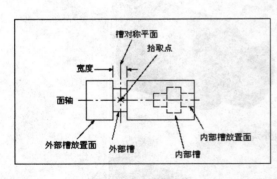

图 5.65　沟槽结构

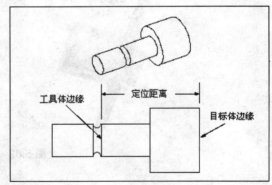

图 5.66　槽的定位

沟槽类型如下所述。

(1) 矩形槽——创建一个指定【槽直径】和【宽度】的矩形槽，如图 5.67 所示。

(2) 球形端槽——创建一个指定【槽直径】和【球直径】的球形端槽，如图 5.68 所示。

(3) U 形槽——创建一个指定【槽直径】、【宽度】和【拐角半径】的 U 形槽，如图 5.69 所示。

# 第 5 章 创建设计特征

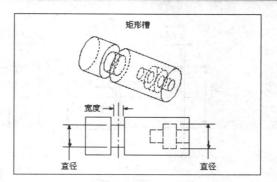

图 5.67 矩形槽

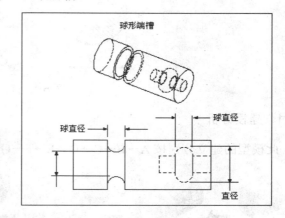

图 5.68 球形端槽

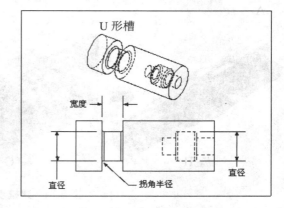

图 5.69 U 形槽

## 5.5 实 战 练 习

应用设计特征创建如图 5.70 所示的模型。

# UG NX 基础与实例应用

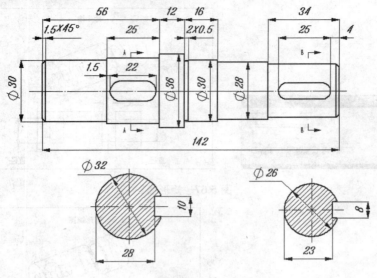

图 5.70 轴

## 5.5.1 建模分析

此模型的建立分别按 A→B→C→D→E→F→G→H 8 个部分来完成,如图 5.71 所示。

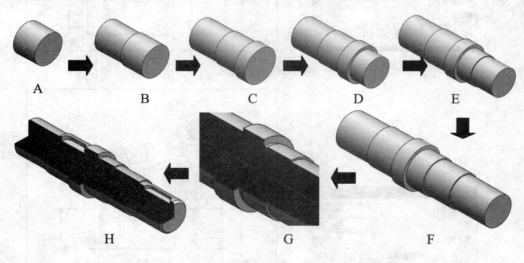

图 5.71 建模步骤

## 5.5.2 操作步骤

1. 新建文件

新建文件 "\NX6\5\Study\axle.prt"。

2. 创建 A

选择【插入】|【设计特征】|【圆柱】命令,出现【圆柱】对话框,在【轴】组中激活【指定矢量】,在图形区选择 OY 轴,在【直径】文本框中输入 "32",在【高度】

文本框中输入"25",单击【确定】按钮,如图 5.72 所示。

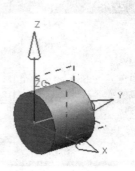

图 5.72 创建 A

3. 创建 B

(1) 单击【特征】工具条上的【凸台】按钮,出现【凸台】对话框,在【直径】文本框中输入"30",在【高度】文本框中输入"56-25",选择端面作为放置面,如图 5.73 所示,单击【应用】按钮。

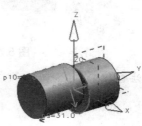

图 5.73 建立凸台(1)

(2) 出现【定位】对话框,单击【点到点】按钮,在图形区选择端面边缘,出现【设置圆弧的位置】对话框,单击【圆弧中心】按钮,如图 5.74 所示。

图 5.74 定位轴端(1)

### 4. 创建 C

(1) 在【凸台】对话框的【直径】文本框中输入"36",在【高度】文本框中输入"12",选择端面作为放置面,如图 5.75 所示,单击【应用】按钮。

图 5.75　建立凸台(2)

(2) 出现【定位】对话框,单击【点到点】按钮，在图形区选择端面边缘,出现【设置圆弧的位置】对话框,单击【圆弧中心】按钮,如图 5.76 所示。

图 5.76　定位轴端(2)

### 5. 按上述方法创建 D、E、F

创建 D、E、F,如图 5.77 所示。

图 5.77　轴

### 6. 创建 G

(1) 单击【特征】工具条上的【沟槽】按钮，出现【槽】对话框,单击【矩形】按钮,出现【矩形槽】对话框,在图形区选择放置面,在【槽直径】文本框中输入"29",在【宽度】文本框中输入"2",如图 5.78 所示,单击【确定】按钮。

(2) 出现【定位槽】对话框,在图形区选择端面边缘和槽边缘,出现【创建表达式】对话框,在 p60 文本框中输入"0",如图 5.79 所示,单击【确定】按钮。

# 第 5 章 创建设计特征

图 5.78 建立沟槽

图 5.79 定位轴端(3)

7. 创建 H

(1) 单击【特征操作】工具条上的【基准平面】按钮□，出现【基准平面】对话框，选择"轴面"，如图 5.80 所示，建立基准面。

(2) 单击【特征】工具条上的【键槽】按钮，出现【键槽】对话框，选中【矩形】单选按钮，在图形区选择放置面，单击【接受默认边】按钮，选择【水平参考】为 Y 轴，如图 5.81 所示。

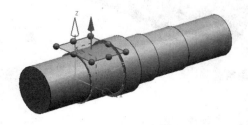

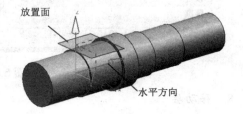

图 5.80 建立基准面　　　　　　　　图 5.81 建立键槽

(3) 出现【矩形键槽】对话框，在【长度】文本框中输入"22"，在【宽度】文本框中输入"10"，在【深度】文本框中输入"32-28"，如图 5.82 所示，单击【确定】按钮。

图 5.82 设置键槽参数

(4) 出现【定位】对话框,单击【线到线】按钮,在图形区选择目标边和工具边,单击【水平】按钮,选择轴端面和键槽端面,出现【创建表达式】对话框中输入"1.5",单击【确定】按钮,如图5.83所示。

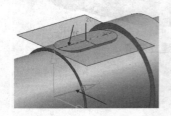

图 5.83 定位键槽

(5) 按同样方法建立另一个键槽。

(6) 单击【特征操作】工具条上的【倒斜角】按钮,出现【倒斜角】对话框,在【偏置】组,从【横截面】下拉列表框中选择【偏置和角度】选项,在【距离】文本框中输入"1.5",在【角度】文本框中输入"45";在【边】组中激活【选择边】,在图形区选择边,如图5.84所示。

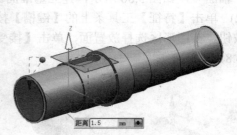

图 5.84 倒角

8. 移动层

(1) 将基准面移到61层。
(2) 将61层设为"不可见"。
最终效果如图5.85所示。

图 5.85 轴的最终效果

## 5.6 上机练习

创建如图 5.86～图 5.93 所示的模型。

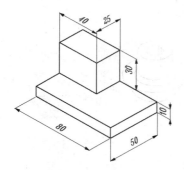

图 5.86　练习图 1

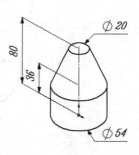

图 5.87　练习图 2

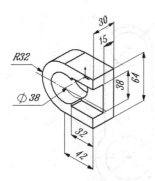

图 5.88　练习图 3

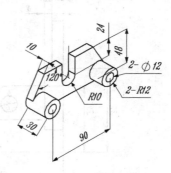

图 5.89　练习图 4

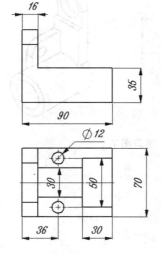

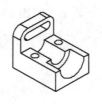

图 5.90　练习图 5

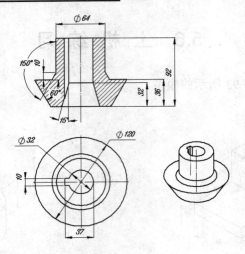

图 5.91 练习图 6

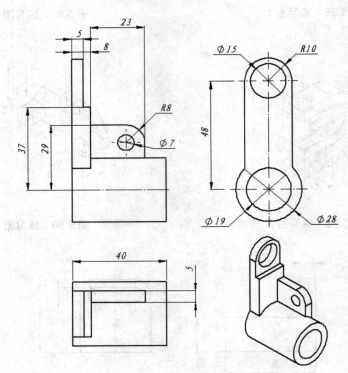

图 5.92 练习图 7

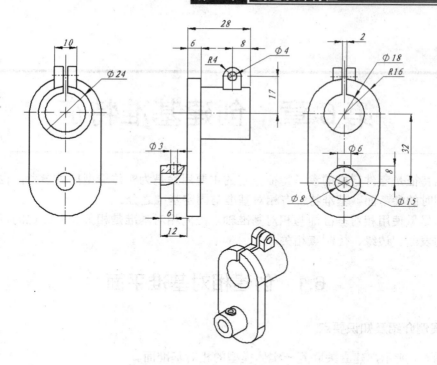

图 5.93 练习图 8

# 第 6 章 创建基准特征

基准特征是零件建模的参考特征,它的主要用途是为实体造型提供参考,也可以作为绘制草图时的参考面。基准特征有相对基准与固定基准之分。

一般尽量使用相对基准面与相对基准轴。因为相对基准是相关和参数化的特征,与目标实体的表面、边缘、控制点相关。

## 6.1 创建相对基准平面

### 6.1.1 案例介绍及知识要点

如图 6.1 所示,建立关联到一实体模型的相对基准面。

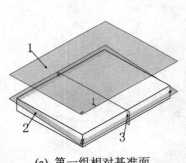 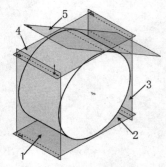

(a) 第一组相对基准面　　　　　　　　(b) 第二组相对基准面

图 6.1 建立关联到一实体模型的相对基准面

按下列要求创建第一组相对基准面,如图 6.1(a)所示。
(1) 按某一距离创建基准面 1。
(2) 过三点创建基准面 2。
(3) 二等分基准面 3。

按下列要求创建第二组相对基准面,如图 6.1(b)所示。
(1) 创建与圆柱相切基准面 1~4。
(2) 创建与圆柱相切,并与基准面 3 成 60°角的基准面 5。

知识点:
● 理解基准面的概念。
● 掌握创建相对基准面的方法。

## 6.1.2 操作步骤

**1. 新建文件**

新建文件"\NX6\6\Study\Relative_Datum_Plane.prt"。

**2. 创建块**

选择【插入】|【设计特征】|【长方体】命令，出现【长方体】对话框，选择【原点和边长】类型，在【尺寸】选项卡的【长度】文本框中输入"60"，【宽度】文本框中输入"80"，【高度】文本框中输入"10"，单击【确定】按钮，创建长方体，如图 6.2 所示。

**3. 按某一距离创建基准面**

选择【插入】|【基准/点】|【基准平面】命令或单击【特征操作】工具条上的【基准平面】按钮，出现【基准平面】对话框，在【类型】组中选择【自动推断】，选择实体模型的平面或基准面，系统将自动推断为【按某一距离】创建基准面。在【距离】文本框中输入偏移距离(偏置箭头方向为偏置正值方向、箭头反方向为负值方向)，如图 6.3 所示，单击【应用】按钮。

图 6.2　创建长方体

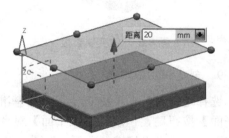
图 6.3　按某一距离创建基准面

**4. 过三点创建基准面**

选择一端点和两个中点建立一个基准面，如图 6.4 所示，单击【应用】按钮。

**5. 二等分基准面**

选择两个面，单击【确定】按钮，如图 6.5 所示，创建两个面的二等分基准面，如图 6.4 所示。

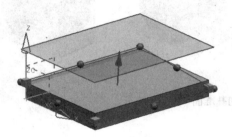
图 6.4　三点创建基准面

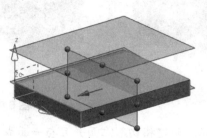
图 6.5　二等分基准面

6. 编辑块，检验基准面与块的参数化关系

将块长设置为 30，宽设置为 40，高设置为 60，如图 6.6 所示，观察所建基准面。

7. 删除所建块和基准面

单击创建的块和基准面将其选中，然后按 Delete 键即可将其删除。

8. 创建圆柱体

选择【插入】|【设计特征】|【圆柱】命令，出现【圆柱】对话框，在【轴】组中激活【指定矢量】，在图形区选择 OX 轴，在【直径】文本框中输入"50"，在【高度】文本框中输入"30"，单击【确定】按钮，如图 6.7 所示。

图 6.6　改变块参数

图 6.7　创建圆柱体

9. 创建相切基准面

选择【插入】|【基准/点】|【基准平面】命令或单击【特征操作】工具条上的【基准平面】按钮，出现【基准平面】对话框，在【类型】组中选择【自动推断】，选择圆柱表面，自动建立相切基准面，如图 6.8(a)所示，单击【应用】按钮。选择圆柱表面和新建基准面，自动建立相切基准面，如图 6.8(b)所示，单击【应用】按钮。选择圆柱表面和新建基准面，自动建立相切基准面，如图 6.8(c)所示，单击【应用】按钮。选择圆柱表面和新建基准面，自动建立相切基准面，如图 6.8(d)所示，单击【应用】按钮。

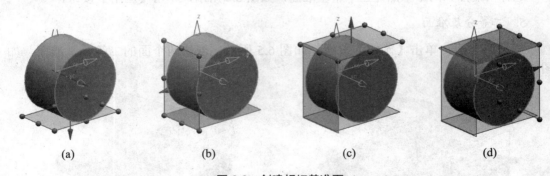

　　(a)　　　　　　　　(b)　　　　　　　　(c)　　　　　　　　(d)

图 6.8　创建相切基准面

10. 创建相切基准面并且与一面成角度

选择圆柱表面和右侧的新建基准面，在【角度】组中的【角度选项】下拉列表框中选

择【值】选项，在【角度】文本框中输入"-60"，如图6.9所示，单击【确定】按钮。

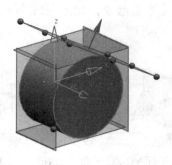

图6.9 创建相切基准面并且与一面成角度

11. 编辑圆柱，检验基准面对块的参数化关系

将圆柱方向改变为OX轴方向，如图6.10所示，观察所建基准面。

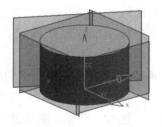

图6.10 改变圆柱方向

### 6.1.3 步骤点评

对于步骤3：双击已建立的基准面，拖动调整大小手柄，可以调整基准平面的大小。

> 提示：在一个部件文件中，可以建立多个基准面，但建议最多只建3个固定基准面（"YC-ZC平面"、"XC-ZC平面"或"XC-YC平面"），其他可按设计意图建立相对基准面。

### 6.1.4 知识总结——基准面

基准平面可分为固定基准平面和相对基准平面两种。
基准平面的用途如下：
(1) 作为草图平面使用，用于绘制草图。
(2) 作为在非平面实体创建特征时的放置面。
(3) 为特征定位时作为目标边缘。
(4) 可作为水平和垂直参考。
(5) 在镜像实体或镜像特征时作为镜像平面。

(6) 修剪和分割实体的平面。

(7) 在工程图中作为截面或辅助视图的铰链线。

(8) 帮助定义相关基准轴。

固定基准平面是平行工作坐标系 WCS 或绝对坐标系的 3 个坐标平面的基准面，平行距离由【距离】文本框给定，如图 6.11 所示。固定基准平面与坐标系没有相关性。

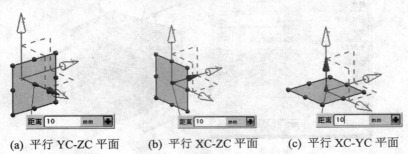

(a) 平行 YC-ZC 平面　　(b) 平行 XC-ZC 平面　　(c) 平行 XC-YC 平面

图 6.11　建立固定基准平面

相对基准平面由创建它的几何对象所约束，一个约束是基准上的一个限制。该基准与对象上的表面、边、点等对象相关。若修改所约束的对象，则相关的基准平面也会自动更新。

NX 提供了如下几种方法来创建相对基准面。

(1) 在一定距离上偏置平行：从一平行表面或已存基准面偏置建立一基准面，如图 6.12(a)所示。

(2) 在表面或平面中心：在两个平行表面或基准面的中心建立一基准面，如图 6.12(b)所示。

(3) 过一圆柱表面的轴：通过一圆柱、圆锥、圆环或旋转特征的临时轴建立一基准面，如图 6.12(c)所示。

(4) 与表面或基准面成一角度建立一个基准面，如图 6.12(d)所示。

(5) 相切圆柱表面建立一基准面，如图 6.12(e)所示。

(6) 过 3 点建立一个基准面：点可以是一个边缘的端点或中点，如图 6.12(f)所示。

(7) 过曲线上一点建立一基准面：曲线可以是草图曲线、边缘或其他类型曲线，如图 6.12(g)所示。

(8) 过一点和在一规定的方向：选择一个点，系统推断一个方向建立基准面，如图 6.12(h)所示。

(a)　　　　　　(b)　　　　　　(c)　　　　　　(d)

图 6.12　建立相对基准面

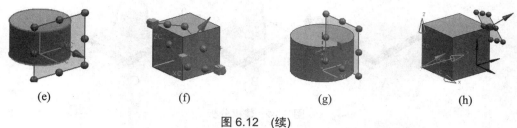

图 6.12 （续）

## 6.2 创建相对基准轴

### 6.2.1 案例介绍及知识要点

用基准面、基准轴创建如图 6.13 所示的模型。

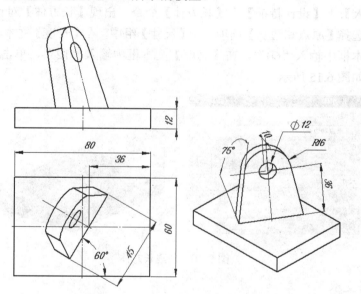

图 6.13 基准面、基准轴的应用

知识点：

- 理解基准轴的概念。
- 掌握创建相对基准轴的方法。

### 6.2.2 建模分析

此模型的建立按 3 个部分完成，如图 6.14 所示。

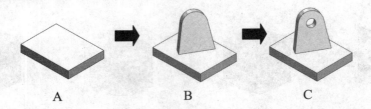

图 6.14 建模分析

### 6.2.3 操作步骤

**1. 新建文件**

新建文件"\NX6\6\Study\Relative _Datum_ Axis.prt"。

**2. 建立长方体**

选择【插入】|【设计特征】|【长方体】命令,出现【长方体】对话框,从【类型】下拉列表框中选择【原点和边长】选项。在【尺寸】组中,在【长度】文本框中输入"80",在【宽度】文本框中输入"60",在【高度】文本框中输入"12",单击【确定】按钮,创建长方体,如图 6.15 所示。

图 6.15 创建长方体

**3. 创建斜支承**

(1) 单击【特征操作】工具条上的【基准平面】按钮，出现【基准平面】对话框,选择实体模型的两个面,创建二等分基准面,如图 6.16 所示,单击【应用】按钮。

(2) 选择前表面,在【偏置】组中,在【距离】文本框中输入"36",创建等距基准面,如图 6.17 所示,单击【确定】按钮。

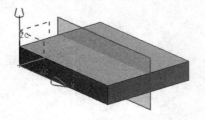
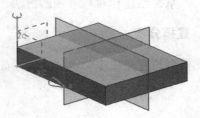

图 6.16 创建二等分基准面　　　　　　　图 6.17 创建等距基准面

(3) 单击【特征操作】工具条上的【基准轴】按钮↑，出现【基准轴】对话框，选择新建的两个基准面，建立基准轴，如图 6.18 所示，单击【确定】按钮。

(4) 单击【特征操作】工具条上的【基准平面】按钮，出现【基准平面】对话框，选择基准轴和新建等距基准面，在【角度】组的【角度】文本框中输入"30"，如图 6.19 所示，单击【确定】按钮。

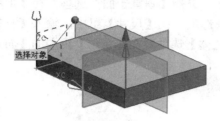 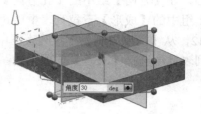

图 6.18  建立基准轴　　　　　　　图 6.19  建立基准面

(5) 单击【特征操作】工具条上的【基准轴】按钮，出现【基准轴】对话框，选择新建基准面和上表面，建立基准轴，如图 6.20 所示，单击【确定】按钮。

(6) 单击【特征操作】工具条上的【基准平面】按钮，出现【基准平面】对话框，选择基准轴和上表面，在【角度】组的【角度】文本框中输入"-75"，如图 6.21 所示，单击【确定】按钮。

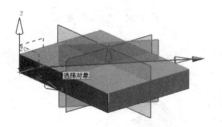 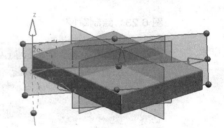

图 6.20  建立基准轴　　　　　　　图 6.21  建立斜支承草图基准面

(7) 将所建辅助基准面移到 62 层，并隐藏 62 层，如图 6.22 所示。

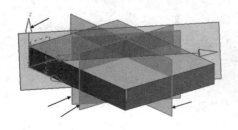 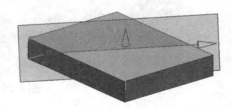

图 6.22  隐藏基准面

(8) 绘制草图，如图 6.23 所示。

(9) 单击【特征】工具条上【拉伸】按钮，出现【拉伸】对话框，在【截面】组中，激活【选择曲线】，在图形区选择截面曲线，在【限制】组，从【结束】列表中选择【值】选项，在【距离】文本框中输入"10"，在【布尔】组，从【布尔】列表中选择【求和】

选项,在图形区选择求和体,如图6.24所示,单击【确定】按钮。

4. 打孔

在【特征】工具条上单击【孔】按钮,出现【孔】对话框,从【类型】下拉列表框中选择【常规孔】选项。激活【位置】组,单击【点】按钮,选择面圆心点作为孔的中心,在【方向】组中的【孔方向】下拉列表框中选择【垂直于面】选项。在【形状和尺寸】组中的【成形】下拉列表框中选择【简单】选项。在【尺寸】组中,输入【直径】值为12,从【深度限制】下拉列表框中选择【贯通体】选项。在【布尔】组中的【布尔】下拉列表框中选择【求差】选项,如图6.25所示。

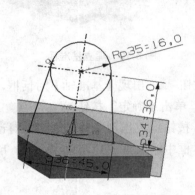

图6.23 绘制草图

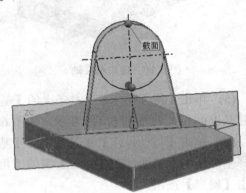

图6.24 创建斜支承

图6.25 创建孔

5. 移到层

(1) 将草图移到21层,将基准面、基准轴移到61层。
(2) 将61层和21层设为"不可见"。

效果如图6.26所示。

图 6.26 完成建模

### 6.2.4 步骤点评

对于步骤 3：当使用两个表面建立相对基准轴时，轴方向由右手规则确定：四指从选择的第一个表面转向选择的第二个表面，大拇指指向基准轴的正方向。

### 6.2.5 知识总结——基准轴

基准轴可分为固定基准轴和相对基准轴两种。

基准轴的用途如下。

(1) 作为旋转特征的旋转轴。
(2) 作为环形阵列特征的旋转轴。
(3) 作为基准平面的旋转轴。
(4) 作为矢量方向参考。
(5) 作为特征定位的目标边。

图 6.27 WCS 的 3 个坐标轴的基准轴

固定基准轴是指固定在工作坐标系 WCS 的 3 个坐标轴的基准轴，如图 6.27 所示。固定基准轴与工作坐标系 WCS 没有相关性。

相对基准轴由创建它的几何对象所约束，一个约束是基准上的一个限制。该基准与对象上的表面、边、点等对象相关。若修改所约束的对象，则相关的基准轴也会自动更新。

NX 提供了如下几种方法来创建相对基准轴。

(1) 过两点，如图 6.28(a)所示。
(2) 过一边缘，如图 6.28(b)所示。
(3) 过一圆柱、圆锥、圆环或旋转特征轴，如图 6.28(c)所示。
(4) 过两个表面或基准面的交线，如图 6.28(d)所示。
(5) 过曲线上一点建立一基准轴。曲线可以是草图曲线、边缘或其他类型曲线，如图 6.28(e)所示。

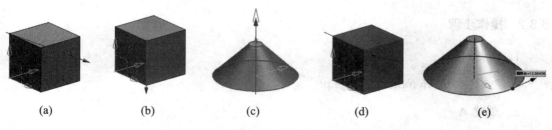

图 6.28 建立基准轴

## 6.3 实战练习

用基准面、基准轴创建如图 6.29 所示的模型。

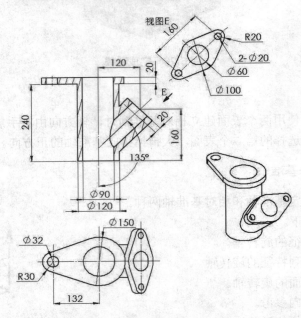

图 6.29 基准面、基准轴的应用

### 6.3.1 建模分析

此模型的建立分别按 A→B→C→D→E 5 个部分完成，如图 6.30 所示。

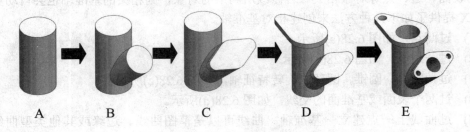

图 6.30 建模步骤

### 6.3.2 操作步骤

1. 新建文件

新建文件"\NX6\6\Study\flange.prt"。

2. 创建 A

选择【插入】|【设计特征】|【圆柱】命令，出现【圆柱】对话框，在【轴】组中

激活【指定矢量】，在图形区选择 ZC 轴，在【直径】文本框中输入"32"，在【高度】文本框中输入"25"，单击【确定】按钮，如图6.31所示。

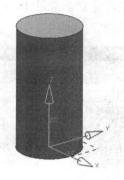

图6.31　创建 A

3. 创建 B

(1) 单击【特征操作】工具条上的【基准平面】按钮，出现【基准平面】对话框，在【类型】下拉列表框中选择【按某一距离】选项，在图形选择"底面"，在【偏置】组中的【距离】文本框中输入"160"，如图6.32所示，单击【应用】按钮，建立基准面1。

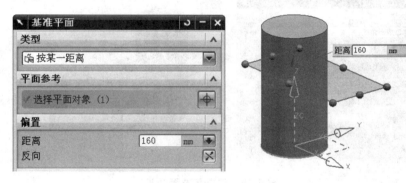

图6.32　建立基准面1

(2) 选择 ZC-YC 面，在【偏置】组中的【距离】文本框中输入120，如图6.33所示，单击【确定】按钮，建立基准面2。

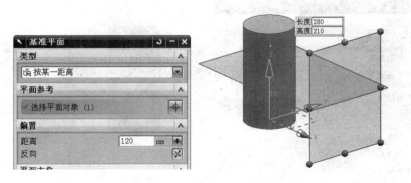

图6.33　建立基准面2

(3) 单击【特征操作】工具条上的【基准轴】按钮↑，出现【基准轴】对话框，在【类型】下拉列表框中选择【交点】选项，选择"基准面1"和"基准面2"，如图6.34所示，单击【确定】按钮，建立基准轴1。

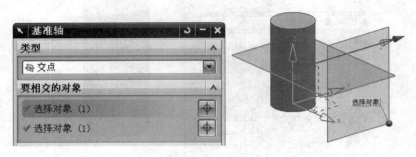

图 6.34　建立基准轴 1

(4) 单击【特征操作】工具条上的【基准平面】按钮□，出现【基准平面】对话框，在【类型】下拉列表框中选择【成一角度】选项，选择"基准面1"和"基准轴1"，在【角度】组中的【角度选项】下拉列表框中选择【值】选项，在【角度】文本框中输入"135"，如图6.35所示，单击【应用】按钮，建立基准面3。

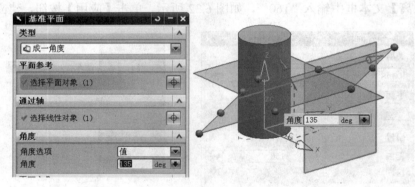

图 6.35　建立基准面 3

(5) 选择"基准面3"和"基准轴1"，在【角度】组中的【角度选项】下拉列表框中选择【垂直】选项，如图6.36所示，单击【确定】按钮，建立基准面4。

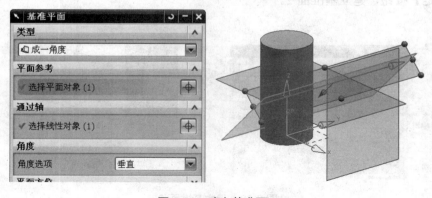

图 6.36　建立基准面 4

(6) 在建立的"基准面4"上绘制草图,如图6.37所示。

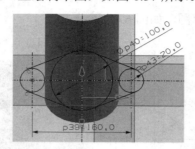

图6.37 绘制草图

(7) 单击【特征】工具条上的【拉伸】按钮,出现【拉伸】对话框,在【截面】组中激活【选择曲线】,在图形区选择截面曲线;在【限制】组中的【结束】下拉列表框中选择【直到被延伸】选项,在图形区选择圆柱体;在【布尔】组中的【布尔】下拉列表框中选择【求和】选项,在图形区选择求和体,如图6.38所示,单击【应用】按钮。

 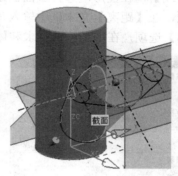

图6.38 拉伸(1)

(8) 在【截面】组中激活【选择曲线】,在图形区选择截面曲线,在【限制】组中的【结束】下拉列表框中选择【值】选项,在【距离】文本框中输入"20";在【布尔】组中的【布尔】下拉列表框中选择【求和】选项,在图形区选择求和体,如图6.39所示,单击【应用】按钮。

 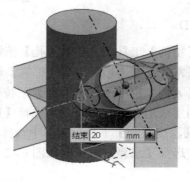

图6.39 拉伸(2)

### 4. 创建 C

(1) 在圆柱体顶面绘制草图，如图 6.40 所示。

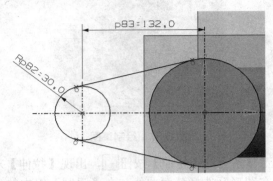

图 6.40 绘制草图

(2) 单击【特征】工具条上的【拉伸】按钮，出现【拉伸】对话框，在【截面】组中激活【选择曲线】，在图形区选择截面曲线；在【限制】组，从【结束】下拉列表框中选择【值】选项，在【距离】文本框中输入"20"；在【布尔】组，从【布尔】下拉列表框中选择【求和】选项，在图形区选择求和体，如图 6.41 所示，单击【确定】按钮。

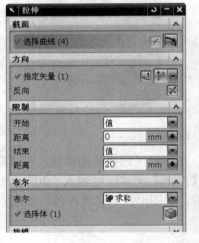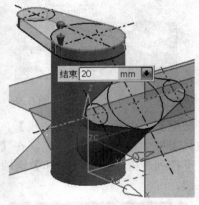

图 6.41 拉伸

### 5. 创建 D

(1) 在【特征】工具条上单击【孔】按钮，出现【孔】对话框，从【类型】下拉列表框中选择【常规孔】选项。激活【位置】组，单击【点】按钮，选择面圆心点作为孔的中心；在【方向】组中的【孔方向】下拉列表框中选择【垂直于面】选项。在【形状和尺寸】组中的【成形】下拉列表框中选择【简单】选项。在【尺寸】组中，输入【直径】值为 90，从【深度限制】下拉列表框中选择【贯通体】选项。在【布尔】组中的【布尔】下拉列表框中选择【求差】选项，如图 6.42 所示。

### 第 6 章 创建基准特征

 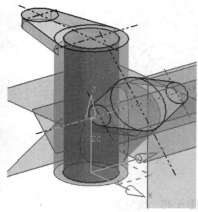

图 6.42 打孔

(2) 按同样方法,设置不同直径值,完成打孔操作,如图 6.43 所示。

#### 6. 移动层

(1) 将草图移到 21 层,将基准面、基准轴移到 61 层。
(2) 将 61 层和 21 层设置为"不可见"。

最终效果如图 6.44 所示。

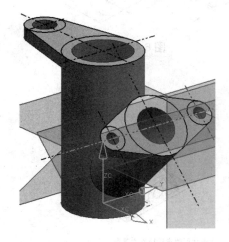 

图 6.43 完成打孔操作  　　　　　图 6.44 完成建模

## 6.4 上机练习

创建如图 6.45~图 6.51 所示的模型图。

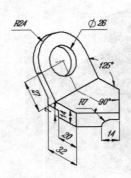

图 6.45 练习图 1

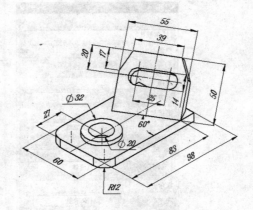

图 6.46 练习图 2

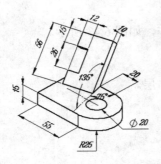

图 6.47 练习图 3

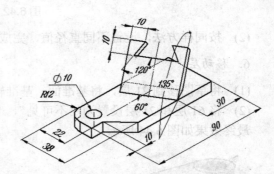

图 6.48 练习图 4

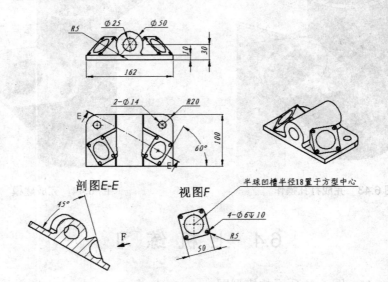

图 6.49 练习图 5

# 第6章 创建基准特征

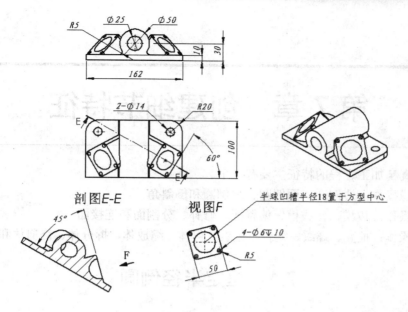

图6.50 练习图6

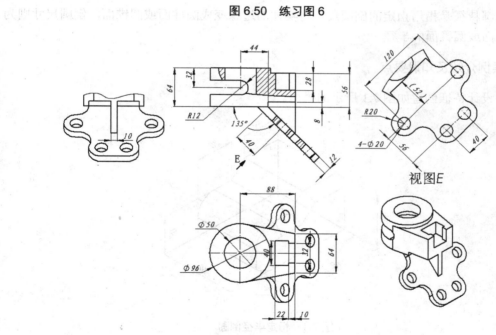

图6.51 练习图7

# 第 7 章 创建细节特征

用于仿真精加工过程的特征主要有三个。
- 边缘操作：边倒圆、面倒圆、软倒圆和倒斜角。
- 面操作：拔模、体拔模、偏置面、修补、分割面和连接面。
- 体操作：抽壳、螺纹、缝合、包裹几何体、缩放体、拆分体、修剪体和实例特征。

## 7.1 恒定半径倒圆

边倒圆特征是指用指定的倒圆尺寸将实体的边缘变成圆柱面或圆锥面，倒圆尺寸则为构成圆柱面或圆锥面的半径。

### 7.1.1 案例介绍及知识要点

应用设计特征创建如图 7.1 所示的模型。

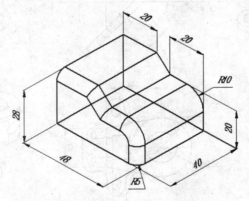

图 7.1 恒定半径倒圆

知识点：

掌握创建恒定半径倒圆的方法。

### 7.1.2 操作步骤

1. 新建文件

新建文件"\NX6\7\Study\Edge_Blend.prt"。

## 第7章 创建细节特征

2. 创建基体

(1) 在 YC-XC 面绘制如图 7.2 所示的草图。

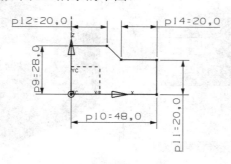

图 7.2 在右端面绘制草图

(2) 选择【插入】|【设计特征】|【拉伸】命令，出现【拉伸】对话框，设置曲线规则：相连曲线。在【截面】组中激活【选择曲线】，在图形区选择曲线。在【限制】组中，从【结束】下拉列表框中选择【对称值】选项，在【距离】文本框中输入"20"，如图 7.3 所示，单击【确定】按钮。

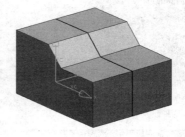

图 7.3 拉伸

3. 倒圆角

(1) 选择【插入】|【细节特征】|【边倒圆】命令，打开【边倒圆】对话框，在【要倒圆的边】组中激活【选择边】，为第一个边集选择一条边线串，在 Radius1 文本框中输入半径值"10"，如图 7.4 所示。

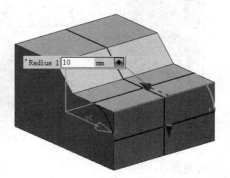

图 7.4 为第一个边集选择的一条边线串

(2) 单击【添加新集】按钮，完成 Radius 1 边集，如图 7.5 所示。

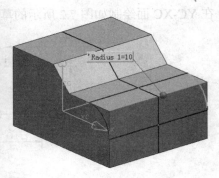

图 7.5  半径 1 边集已完成

4. 添加新集

(1) 选择其他边，在 Radius 2 文本框中输入半径值 5，如图 7.6 所示。

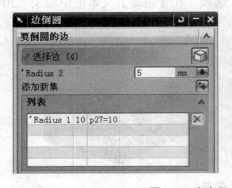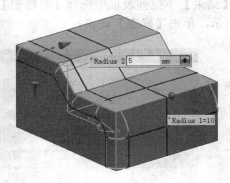

图 7.6  为半径 2 边集选择的边

(2) 单击【添加新集】按钮，完成 Radius 2 边集，如图 7.7 所示。

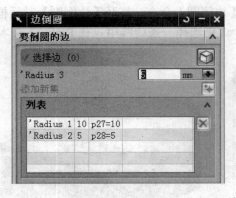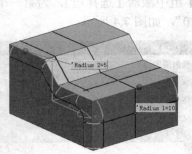

图 7.7  半径 2 边集已完成

5. 完成倒角

单击【确定】按钮，完成倒角，如图 7.8 所示。

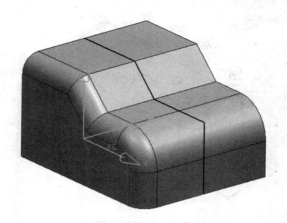

图 7.8 完成倒角

### 7.1.3 步骤点评

(1) 对于步骤 4：选择边可以是多条，而且这些边不必都连接在一起，但它们必须都在同一个体上。

(2) 对于步骤 4：对于多半径倒圆可以采用建立半径集合的方法来完成，也可以通过建立多个边缘倒圆特征来完成。

### 7.1.4 知识总结——恒定半径倒圆

倒圆时系统是增加材料还是减去材料取决于边缘类型。对于外边缘(凸)是减去材料，对于内边缘(凹)是增加材料。不管是增加材料还是减去材料，都缩短了相交于所选边缘的两个面的长度，倒圆允许将两个面全部倒掉，若继续增加倒圆半径，就会形成陡峭边倒圆，如图 7.9 所示。

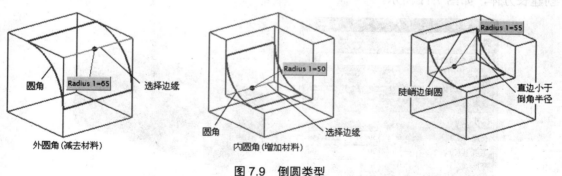

图 7.9 倒圆类型

## 7.2 可变半径倒圆

### 7.2.1 案例介绍及知识要点

创建如图 7.10 所示的可变半径倒圆模型。

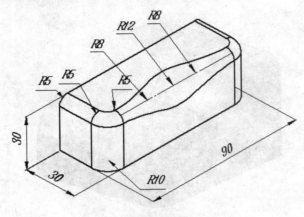

图 7.10 可变半径倒圆

知识点：

掌握创建变半径倒圆的方法。

### 7.2.2 操作步骤

**1. 新建文件**

新建文件"\NX6\7\Study\Var_Radius.prt"。

**2. 创建基体**

选择【插入】|【设计特征】|【长方体】命令，出现【长方体】对话框，从【类型】下拉列表框中选择【原点和边长】选项；在【尺寸】组中，在【长度】文本框中输入"30"，在【宽度】文本框中输入"90"，在【高度】文本框中输入"30"，单击【确定】按钮，创建长方体，如图 7.11 所示。

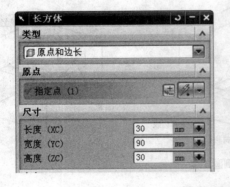 

图 7.11 创建基体

**3. 倒恒定半径圆角**

选择【插入】|【细节特征】|【边倒圆】命令，打开【边倒圆】对话框，在【要倒圆的边】组中激活【选择边】，为第一个边集选择两条边，在 Radius1 文本框中输入半径值"10"，如图 7.12 所示，单击【应用】按钮。

第 7 章 创建细节特征

图 7.12 倒圆角

4. 倒变半径圆角

(1) 选择倒角边。激活【选择边】，选择第一个边集，如图 7.13 所示。

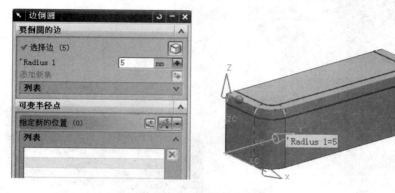

图 7.13 选择倒角边

(2) 设置变半径点。在【可变半径点】组中激活【指定新的位置】。在所选的边上建立 5 个变半径点，所添加的每个可变半径点将显示拖动手柄和点手柄，如图 7.14 所示。可变半径点将标识为可变半径 1、可变半径 2 等，并且同样出现在对话框和动态文本框中。

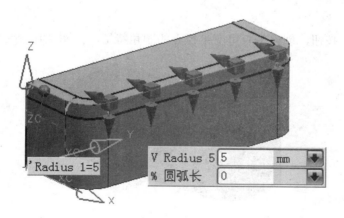

图 7.14 5 个可变半径点的手柄

(3) 为可变半径点指定新的半径值，如图 7.15 所示。

- 选择第 1 个变半径点，在 V Radius 1 文本框中输入"5"，在【位置】下拉列表框中选择【%圆弧长】选项，在【%圆弧长】文本框中输入"100"。

- 选择第 2 个变半径点，在 V Radius 2 文本框中输入"8"，在【位置】下拉列表框中选择【%圆弧长】选项，在【%圆弧长】文本框中输入"75"。
- 选择第 3 个变半径点，在 V Radius 3 文本框中输入"12"，在【位置】下拉列表框中选择【%圆弧长】选项，在【%圆弧长】文本框中输入"50"。
- 选择第 4 个变半径点，在 V Radius 4 文本框中输入"8"，在【位置】下拉列表框中选择【%圆弧长】选项，在【%圆弧长】文本框中输入"75"。
- 选择第 5 个变半径点，在 V Radius 5 文本框中输入"5"，在【位置】下拉列表框中选择【%圆弧长】选项，在【%圆弧长】文本框中输入"0"。

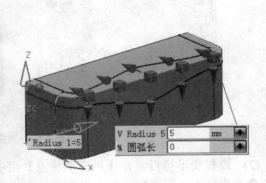

图 7.15 设置变半径值

**5. 完成倒圆**

单击【确定】按钮，创建带有可变半径点的圆角特征，如图 7.16 所示。

图 7.16 带有可变半径点的圆角

### 7.2.3 知识总结——可变半径倒圆

在边缘上的点和在每一个点上输入不同的半径值，边缘上的半径值则为可变倒圆角半径。

## 7.3 边缘倒角

### 7.3.1 案例介绍及知识要点

运用设计特征建立如图 7.17 所示的模型。

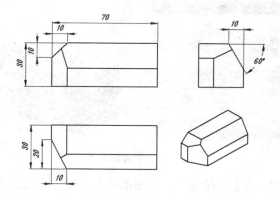

图 7.17 边缘倒角

知识点：

掌握边缘倒角的方法。

### 7.3.2 操作步骤

1. 新建文件

新建文件"\NX6\7\Study\Chamfer.prt"。

2. 创建基体

选择【插入】|【设计选项特征】|【长方体】命令，出现【长方体】对话框，从【类型】下拉列表框中选择【原点和边长】选项；在【尺寸】组中，在【长度】文本框中输入"30"，在【宽度】文本框中输入"90"，在【高度】文本框中输入"30"，单击【确定】按钮，创建长方体，如图 7.18 所示。

图 7.18 创建基体

3. 创建边缘倒角

(1) 选择【插入】|【细节特征】|【倒斜角】命令，打开【倒斜角】对话框，在【边】组中激活【选择边】，在图形区选择第一个边；在【偏置】组中，从【横截面】下拉列表框中选择【偏置和角度】选项，在【距离】文本框中输入"10"，在【角度】文本框中输入"60"，如图 7.19 所示，单击【应用】按钮。

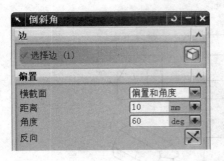 

图 7.19 偏置和角度

(2) 在【边】组中激活【选择边】，在图形区选择第二个边，在【偏置】组中的【横截面】下拉列表框中选择【对称】选项，在【距离】文本框中输入"10"，如图 7.20 所示，单击【应用】按钮。

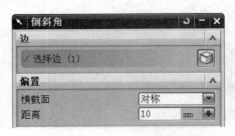 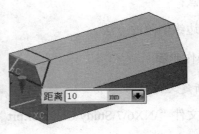

图 7.20 对称倒角特征

(3) 在【边】组中激活【选择边】，在图形区选择第三个边，在【偏置】组的【横截面】下拉列表框中选择【非对称】选项，在 Distance1 文本框中输入"20"，在【距离 2】文本框中输入"10"，如图 7.21 所示。

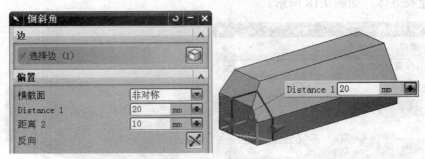

图 7.21 非对称倒角特征

(4) 单击【确定】按钮，如图 7.22 所示。

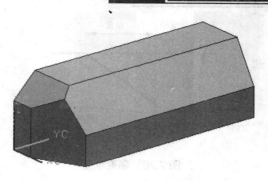

图 7.22　创建腔体

## 7.3.3　知识总结——边缘倒角

边缘倒角特征是指用指定的倒角尺寸将实体的边缘变成斜面，倒角尺寸是在构成边缘的两个实体表面上度量的。

倒角时系统增加材料或减去材料取决于边缘类型。对于外边缘(凸)是减去材料，对于内边缘(凹)是增加材料。不管是增加材料还是减去材料，都缩短了相交于所选边缘的两个面的长度，如图 7.23 所示。

图 7.23　内边缘、外边缘倒角

倒角类型分为 3 种：单个偏置、双偏置和偏置角度。

创建一个沿两个表面具有相等偏置值的倒角，如图 7.24 所示，偏置值必须为正。

创建一个沿两个表面具有不同偏置值的倒角，如图 7.25 所示，偏置值必须为正。

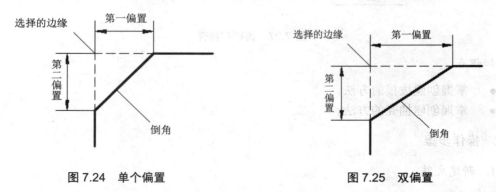

图 7.24　单个偏置　　　　　　　　图 7.25　双偏置

创建一个沿两个表面分别为偏置值、斜切角的倒角，如图 7.26 所示，偏置值必须为正。

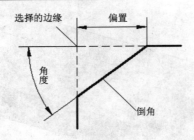

图 7.26 偏置角度

## 7.4 拔模和抽壳

### 7.4.1 案例介绍及知识要点

运用设计特征建立如图 7.27 所示的模型。

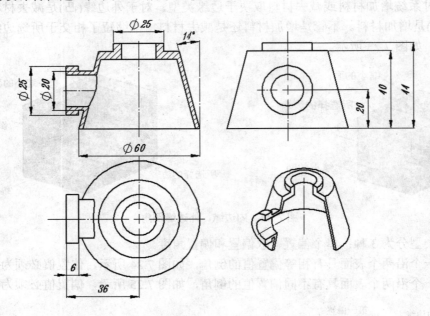

图 7.27 拔模和抽壳

知识点：
- 掌握创建拔模的方法。
- 掌握创建抽壳的方法。

### 7.4.2 操作步骤

1. 新建文件

新建文件"\NX6\7\Study\Draft_shell.prt"。

### 2. 创建圆柱体

选择【插入】|【设计特征】|【圆柱】命令，出现【圆柱】对话框，在【轴】组中，激活【指定矢量】，在图形区选择 OZ 轴，在【直径】文本框中输入"60"，在【高度】文本框中输入"40"，单击【确定】按钮，如图 7.28 所示。

 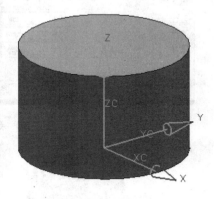

图 7.28　创建圆柱体

### 3. 创建拔模

在【特征操作】工具条上单击【拔模】按钮，出现【拔模】对话框，从【类型】下拉列表框中选择【从平面】选项；在【脱模方向】组中激活【指定矢量】，在图形区指定 OZ 轴为脱模方向；在【固定面】组中激活【选择平面】，在图形区选择"底面"；在【要拔模的面】组中激活【选择面】，在图形区选择圆柱面，在【角度 1】文本框中输入"14"，如图 7.29 所示，再单击【确定】按钮。

 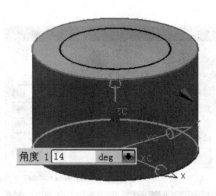

图 7.29　创建拔模

### 4. 创建凸台

(1) 单击【特征】工具条上的【凸台】按钮，出现【凸台】对话框，在【直径】文本框中输入"24"，在【高度】文本框中输入"44-40"，选择端面作为放置面，如图 7.30 所示，再单击【应用】按钮。

(2) 出现【定位】对话框,单击【点到点】按钮,在图形区选择端面边缘,出现【设置圆弧的位置】对话框,单击【圆弧中心】按钮,如图 7.31 所示,再单击【应用】按钮。

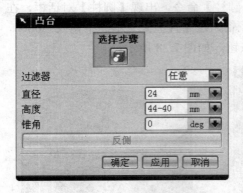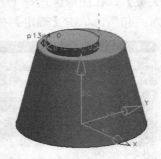

图 7.30 建立凸台

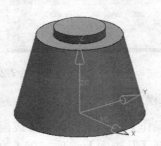

图 7.31 定位凸台

(3) 在【直径】文本框中输入"20",在【高度】文本框中输入"36-6",选择 ZC-XC 面作为放置面,单击【反侧】按钮,如图 7.32 所示,再单击【应用】按钮。

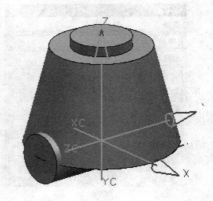

图 7.32 建立凸台

(4) 出现【定位】对话框,单击【点到线】按钮,在图形区选择 OZ 轴,单击【垂直】按钮,在图形区选择 OX 轴,输入距离"20",如图 7.33 所示,单击【应用】按钮。

(5) 在【直径】文本框中输入"25",在【高度】文本框中输入"6",选择端面作为放置面,如图 7.34 所示,单击【应用】按钮。

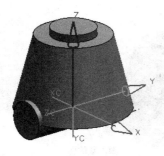 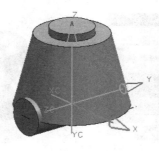 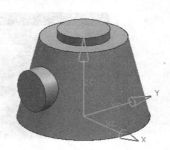

图 7.33 定位凸台

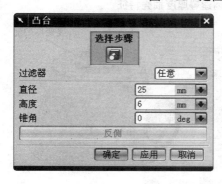 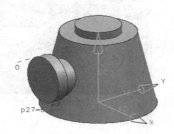

图 7.34 建立凸台

(6) 出现【定位】对话框,单击【点到点】按钮,在图形区选择端面边缘,出现【设置圆弧的位置】对话框,单击【圆弧中心】按钮,如图 7.35 所示,单击【应用】按钮。

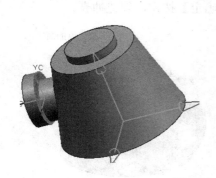 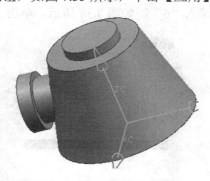

图 7.35 定位凸台

5. 创建壳

(1) 选择【插入】|【偏置/缩放】|【抽壳】命令,出现【抽壳】对话框,从【类型】下拉列表框中选择【移除面,然后抽壳】选项,激活【要冲裁的面】,在图形区选择要移除面,在【厚度】文本框中输入"2",如图 7.36 所示,创建等厚度抽壳特征。

(2) 备选厚度。在【备选厚度】组中激活【选择面】,在图形区选择底面,在【厚度 1】文本框中输入"4",如图 7.37 所示。

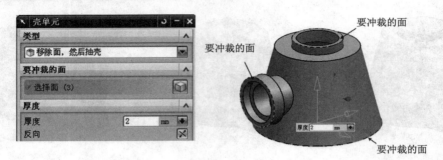

图 7.36　创建等厚度抽壳特征

图 7.37　备选厚度

(3) 单击【添加新集】按钮，激活【选择面】，在图形区选择侧面，在【厚度 2】文本框中输入"6"，如图 7.38 所示，单击【确定】按钮，创建抽壳。

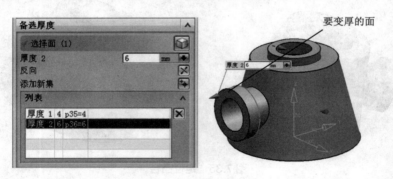

图 7.38　使用备选厚度

### 7.4.3　知识总结——拔模

使用拔模命令可以对一个部件上的一组或多组面应用斜率(从指定的固定对象开始)。可以创建 4 种类型的拔模。

- 从平面：如果需要保持通过部件的横截面在整个面旋转过程中都是平的，则可使用此类型。这是默认拔模类型，如图 7.39 所示。

- 从边：如果需要在整个面旋转过程中保留目标面的边缘，则可使用此类型，如图 7.40 所示。
- 与面相切：如果需要在拔模操作后使要拔模的面与邻近面保持相切，则可使用此类型。此处，固定边缘未被固定，而是移动的，以保持选定面之间的相切约束，如图 7.41 所示。
- 至分型边：如果需要在整个面旋转过程中保持通过部件的横截面是平的，并且要求根据需要在分型边缘处创建凸出边，则可使用此类型，如图 7.42 所示。

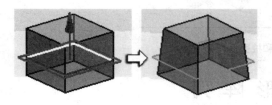

图 7.39　拔模面围绕基准平面定义的截面旋转　　图 7.40　拔模面基于两个固定边缘旋转

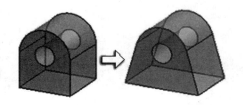 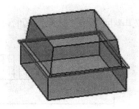

图 7.41　拔模移动侧面以保持与顶部相切　　图 7.42　拔模在基准平面定义的分型边缘处创建凸出边

**注意：**（1）根据所选的拔模类型，NX 会自动判断某些输入，但仍要显式地指定其他输入。通常，拔模命令需要以下输入：类型、拔模方向、固定对象、要拔模的面和拔模角，当提供足够的输入后，NX 便能显示结果预览。
（2）可为多个体添加一个拔模特征。
（3）无论拔模类型是什么，都必须指定拔模方向。通常，拔模方向是模具或冲模为了与部件分开而必须移动的方向。但是，如果为模具或冲模建模，则拔模方向是部件为了与模具或冲模分开而必须移动的方向。
（4）如果要拔模的面的法向移向拔模方向，则拔模角为正。在一个拔模特征中，可以指定多个拔模角并将每个角指定给一组面。还可使用选择意图选项选择拔模操作所需的面或边缘。例如，可选择所有相切面。

### 7.4.4　知识总结——抽壳

使用【抽壳】命令 可以根据为壁厚指定的值抽空实体或在其四周创建壳体，如图 7.43 所示。

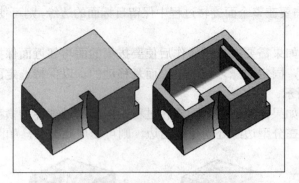

图 7.43 抽壳前(左)和抽壳后(右)的实体

## 7.5 矩形阵列

### 7.5.1 案例介绍及知识要点

创建如图 7.44 所示的矩形阵列。

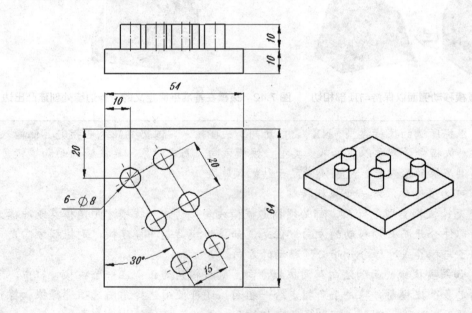

图 7.44 矩形阵列

知识点：

掌握创建矩形阵列的方法。

### 7.5.2 操作步骤

1. 新建文件

新建文件"\NX6\7\Study\Rectangular_Array.prt"。

2. 创建基体

选择【插入】|【设计特征】|【长方体】命令,出现【长方体】对话框,从【类型】下拉列表框中选择【原点和边长】选项,在【尺寸】组的【长度】文本框中输入"64",在【宽度】文本框中输入"54",在【高度】文本框中输入"10",单击【确定】按钮,创建长方体,如图 7.45 所示。

图 7.45 创建基体

3. 创建凸台

(1) 单击【特征】工具条上的【凸台】按钮,出现【凸台】对话框,在【直径】文本框中输入"8",在【高度】文本框中输入"10",选择端面作为放置面,如图 7.46 所示,再单击【应用】按钮。

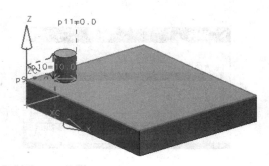

图 7.46 建立凸台

(2) 出现【定位】对话框,单击【垂直】按钮,在图形区选择边,输入距离"20",单击【垂直】按钮,在图形区选择边,输入距离"10",如图 7.47 所示,再单击【确定】按钮。

图 7.47 定位凸台

4. 矩形阵列

(1) 更改 WCS(XC 方向和 YC 方向)的方位

选择【格式】|WCS|【动态】命令，出现工作坐标系，修改XC方向，如图7.48 所示。

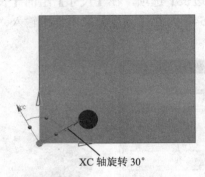

图 7.48 更改 WCS(XC 方向和 YC 方向)的方位

(2) 创建矩形阵列

选择【插入】|【关联复制】|【实例特征】命令，出现【实例】对话框，单击【矩形阵列】按钮，出现【实例】对话框，选择"凸台(2)"，单击【确定】按钮，出现【输入参数】对话框，指定阵列方法为"常规"，在【XC 向的数量】文本框中输入"3"，在【XC 偏置】文本框中输入"30"，在【YC 向的数量】文本框中输入"2"，在【YC 偏置】文本框中输入"25"，如图7.49 所示。

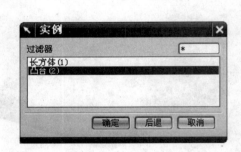

图 7.49 创建矩形阵列

(3) 单击【确定】按钮，创建矩形阵列特征，如图7.50 所示。

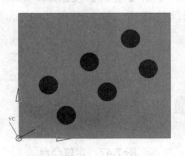

图 7.50 矩形阵列

### 7.5.3 知识总结——矩形阵列

使用矩形阵列可以从一个或多个选定特征创建实例的线性阵列。矩形实例阵列既可以是二维的(在 XC 和 YC 方向上，即几行特征)，也可以是一维的(在 XC 或 YC 方向上，即一行特征)。基于输入的数量和偏置距离产生的这些实例阵列平行于 XC 和 /或 YC 轴。

> 提示：可以更改 WCS(XC 方向和 YC 方向)的方位，方法是选择【格式】|WCS|【原点】、【格式】|WCS|【旋转】或【格式】|WCS|【定位】命令。

矩形阵列步骤如下。
(1) 在【实例】对话框中单击【矩形阵列】按钮。
(2) 选择要实例化的特征。
(3) 在【输入参数】对话框中，指定阵列方法(常规、简单或相同的)、XC 向的数量、XC 偏置、YC 向的数量和 YC 偏置。
(4) 单击【确定】按钮，系统在图形窗口中显示阵列分布状况的预览图，如图 7.51 所示。
(5) 单击【是】按钮创建实例阵列，或单击【否】按钮返回【输入参数】对话框。

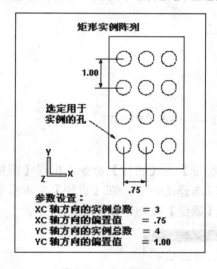

图 7.51 矩形阵列

## 7.6 圆形阵列

### 7.6.1 案例介绍及知识要点

创建如图 7.52 所示的圆形阵列。

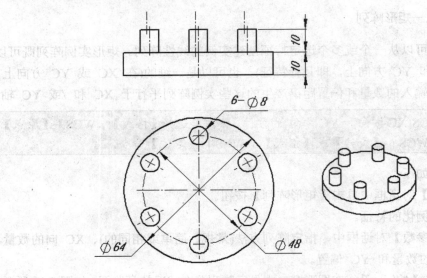

图 7.52 圆形阵列

**知识点:**

掌握创建圆形阵列的方法。

### 7.6.2 操作步骤

**1. 新建文件**

新建文件"\NX6\7\Study\Circular_Array.prt"。

**2. 创建基体**

选择【插入】|【设计特征】|【圆柱】命令,出现【圆柱】对话框,在【轴】组中激活【指定矢量】,在图形区选择 OZ 轴,在【直径】文本框中输入"64",在【高度】文本框中输入"10",单击【确定】按钮,如图 7.53 所示。

 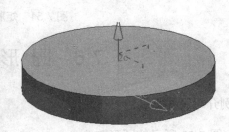

图 7.53 创建圆柱体

**3. 创建凸台**

(1) 单击【特征】工具条上的【凸台】按钮,出现【凸台】对话框,在【直径】文本框中输入"8",在【高度】文本框中输入"10",选择端面作为放置面,如图 7.54 所示,再单击【应用】按钮。

 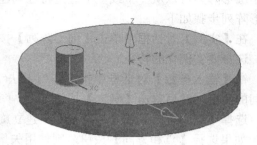

图 7.54　建立凸台

(2) 出现【定位】对话框,单击【点到线】按钮,在图形区选择 OY 轴,单击【垂直】按钮,在图形区选择 OX 轴,输入距离"24",如图 7.55 所示,单击【应用】按钮。

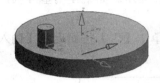  

图 7.55　定位凸台

### 4. 创建圆形阵列

(1) 选择【插入】|【关联复制】|【实例特征】命令,出现【实例】对话框,单击【圆形阵列】按钮,出现【实例】对话框,选择"凸台(2)",单击【确定】按钮,出现【实例】对话框,指定阵列方法为"常规",在【数字】文本框中输入"6",在【角度】文本框中输入"360/6",如图 7.56 所示,单击【确定】按钮。

(2) 出现【实例】对话框,单击【基准轴】按钮,在图形区选择 OZ 轴,创建圆形阵列,如图 7.57 所示,单击【确定】按钮。

 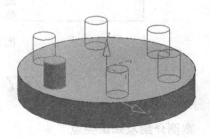

图 7.56　创建圆形阵列　　　　　　　　图 7.57　圆形阵列

### 7.6.3 知识总结——圆形阵列

使用圆形阵列可以从一个或多个选定特征创建实例的圆形阵列。

圆形阵列步骤如下。

(1) 在【实例】对话框中单击【圆形阵列】按钮。

(2) 选择要实例化的特征。

(3) 在【输入参数】对话框中指定阵列方法(常规、简单或相同的)、总的实例数目和实例之间的角度,然后单击【确定】按钮。

(4) 选择【点和方向】或【基准轴】来建立旋转轴。

- 如果选择【点和方向】按钮,则使用矢量构造器来建立方向并用点构造器来建立参考点。如果使用矢量构造器定义轴,则以后可以使用【编辑】|【特征】|【参数】命令并选择此实例将它更改为基准轴。

- 如果选择【基准轴】按钮,则应该选择一条基准轴。阵列的半径以从旋转轴到选定的第一个特征的本地原件的距离计算。阵列将高亮显示。如果使用基准轴,则阵列的旋转轴将与用来定义基准轴的几何体关联。

(5) 单击【是】按钮创建实例阵列,如图 7.58 所示,或单击【否】按钮返回【输入参数】对话框。

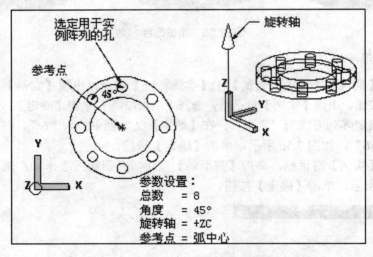

图 7.58 圆形阵列

## 7.7 镜 像

### 7.7.1 案例介绍及知识要点

运用设计特征建立如图 7.59 所示的模型。

第 7 章 创建细节特征

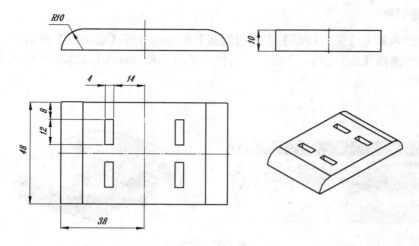

图 7.59 沟槽的创建

知识点：

- 理解设计特征的概念。
- 理解沟槽放置面的概念。
- 熟练运用特征定位的方法。
- 掌握创建沟槽的方法。

### 7.7.2 操作步骤

1. 新建文件

新建文件 "\NX6\7\Study\Mirror_Feature.prt"。

2. 创建基体

选择【插入】|【设计特征】|【长方体】命令，出现【长方体】对话框，从【类型】下拉列表框中选择【原点和边长】；在【尺寸】组中的【长度】文本框中输入"48"，在【宽度】文本框中输入"38"，在【高度】文本框中输入"10"，单击【确定】按钮，创建长方体，如图 7.60 所示。

图 7.60 创建基体

3. 创建倒角

选择【插入】|【细节特征】|【边倒圆】命令,打开【边倒圆】对话框,在【要倒圆的边】组中激活【选择边】,在图形区选择一条边,在 Radius1 文本框中输入半径值 10,如图 7.61 所示。

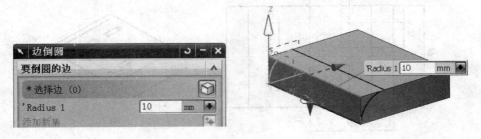

图 7.61  倒角

4. 创建腔体

(1) 单击【特征】工具条上的【腔体】按钮,出现【腔体】对话框,单击【矩形】按钮,选择上表面作为放置面,选择水平参考,出现【矩形腔体】对话框,在【长度】文本框中输入"4",在【宽度】文本框中输入"12",在【深度】文本框中输入"10",如图 7.62 所示,再单击【应用】按钮。

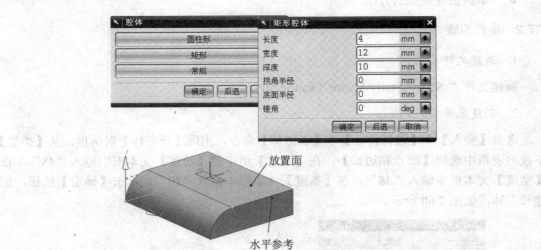

图 7.62  创建腔体

(2) 出现【定位】对话框,单击【垂直】按钮,在图形区选择目标边,输入距离"14",单击【垂直】按钮,在图形区选择目标边,输入距离"8",如图 7.63 所示。

5. 镜像特征操作

(1) 单击【特征操作】工具条上的【基准平面】按钮,出现【基准平面】对话框,在【类型】组中选择【自动推断】,选择实体模型的平面,系统将自动推断为【按某一距离】创建基准面。在【距离】文本框中输入"0",如图7.64所示,单击【确定】按钮。

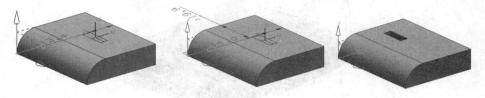

图 7.63　定位腔体

(2) 选择【插入】|【关联复制】|【镜像特征】命令,出现【镜像特征】对话框,在【相关特征】组的候选特征列表中选择"矩形的腔体",在【镜像平面】组中的【平面】下拉列表框中选择【新平面】选项,如图7.65所示。

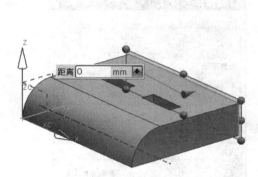

图 7.64　建立基准面

图 7.65　【镜像特征】对话框

(3) 单击【平面构造器】按钮,出现【平面】对话框,选择模型的两个端面,推断建立新平面,如图7.66所示,再单击【确定】按钮。

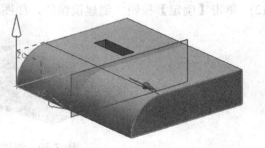

图 7.66　建立新平面

(4) 返回【镜像特征】对话框,单击【确定】按钮,建立镜像特征,如图7.67所示。

图 7.67　完成镜像特征

6. 镜像体操作

(1) 选择【插入】|【关联复制】|【镜像体】命令，打开【镜像体】对话框，选择要镜像的体，选中【固定于当前时间戳记】复选框，再选择镜像面，如图 7.68 所示。

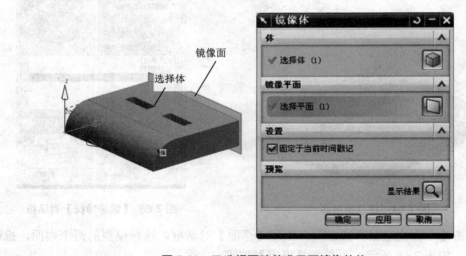

图 7.68　已选择要跨基准平面镜像的体

(2) 单击【确定】按钮，创建镜像体，如图 7.69 所示。

图 7.69　创建镜像体

### 7.7.3　知识总结——镜像

使用镜像特征命令，可以用通过基准平面或平面镜像选定特征的方法来创建对称的模型。当编辑镜像特征时，可以重新定义镜像平面以及添加和移除特征，如图 7.70 所示。

# 第 7 章 创建细节特征

已选择拉伸和孔阵列而且已跨基准平面进行镜像

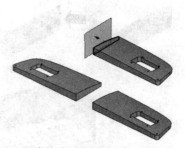
已跨基准平面镜像了所有特征

图 7.70 镜像特征示例

## 7.8 实 战 练 习

应用细节特征创建如图 7.71 所示的模型。

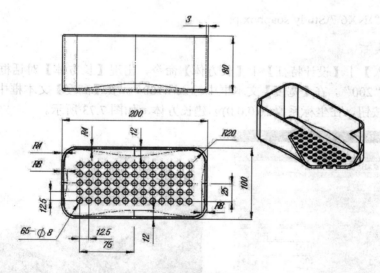

图 7.71 细节特征应用

### 7.8.1 建模分析

此模型的建立按 A→B→C→D →E →F 6 个部分完成，如图 7.72 所示。

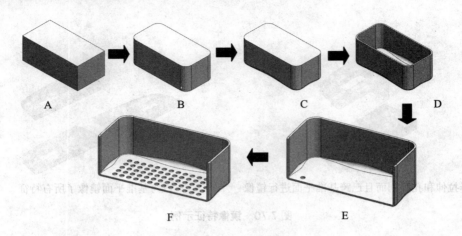

图 7.72  建模步骤

### 7.8.2 操作步骤

**1. 新建文件**

新建文件"\NX6\7\Study\soapbox.prt"。

**2. 创建 A**

选择【插入】|【设计特征】|【长方体】命令，出现【长方体】对话框，在【长度】文本框中输入"200"，在【宽度】文本框中输入"100"，在【高度】文本框中输入"80"，单击【确定】按钮，在坐标系原点(0,0,0)创建长方体，如图 7.73 所示。

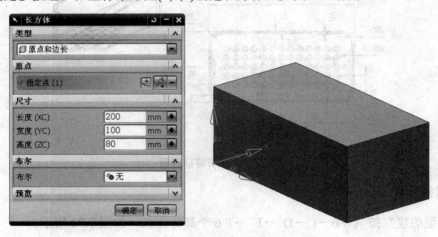

图 7.73  创建长方体

**3. 创建 B**

单击【特征操作】工具条上的【边倒圆】按钮，在【要倒圆的边】组中激活【选择边】，在图形区选择 4 条边，在 Radius1 文本框中输入"20"，如图 7.74 所示，再单击【确定】按钮。

# 第 7 章 创建细节特征

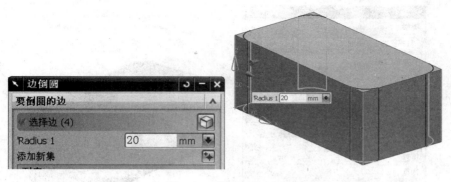

图 7.74 等半径边倒圆

**4. 创建 C**

单击【特征操作】工具条上的【边倒圆】按钮，在【要倒圆的边】组中激活【选择边】，在图形区选择底边，在 Radius 1 文本框中输入 "4"；在【可变半径点】组中激活【指定新的位置】，在图形区插入变半径点；展开【列表】组，分别输入各半径值，如图 7.75 所示，再单击【确定】按钮。

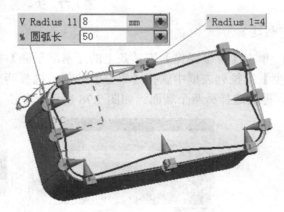

图 7.75 变半径

**5. 创建 D**

(1) 单击【特征操作】工具条上的【抽壳】按钮，从【类型】下拉列表框中选择【移除面，然后抽壳】选项；在【要冲裁的面】组中激活【选择面】，在图形区选择顶面；在【厚度】组中的【厚度】文本框中输入 "3"，如图 7.76 所示，单击【确定】按钮。

(2) 单击【特征操作】工具条上的【边倒圆】按钮，在【要倒圆的边】组中激活【选择边】，在图形区选择底边；在 Radius 1 文本框中输入 "1.5"，如图 7.77 所示，再单击【确定】按钮。

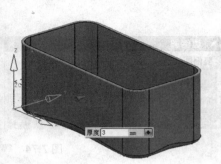

图 7.76 抽壳

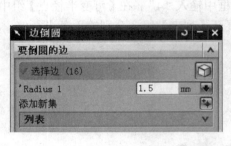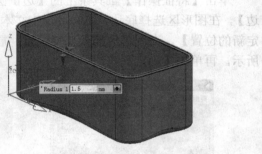

图 7.77 边倒圆

6. 创建 E

(1) 单击【特征操作】工具条上的【基准平面】按钮，出现【基准平面】对话框，在【类型】下拉列表框中选择【平分】选项，选择两个端面，单击【应用】按钮，建立基准面 1。再次选择另两个端面，如图 7.78 所示，单击【确定】按钮，建立基准面 2。

图 7.78 建立基准面

(2) 在【特征】工具条上单击【孔】按钮，出现【孔】对话框，从【类型】下拉列表框中选择【常规孔】选项。激活【位置】组，单击【绘制草图】按钮，选择底面绘制圆心点草图，然后退出草图。在【方向】组中，从【孔方向】下拉列表框中选择【垂直于面】选项。在【形状和尺寸】组中，从【成形】下拉列表框中选择【简单】选项。在【尺寸】组中，输入【直径】值为 8，从【深度限制】下拉列表框中选择【贯通体】选项。在【布尔】组中，从【布尔】下拉列表框中选择【求差】选项，如图 7.79 所示。

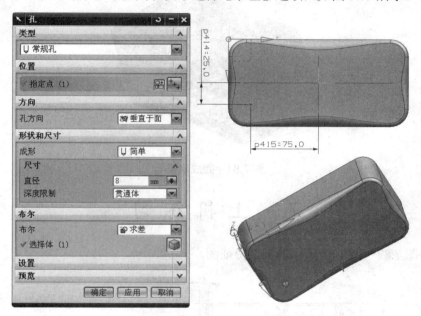

图 7.79　打孔

7. 创建 F

在【特征】工具条上单击【实例特征】按钮，出现【实例】对话框，单击【矩形阵列】按钮，出现【实例】列表，选择【简单孔】，单击【确定】按钮，出现【输入参数】对话框，在【方法】组中选中【常规】单选按钮，在【XC 向的数量】文本框中输入"13"，在【XC 偏置】文本框中输入"12.5"，在【YC 向的数量】文本框中输入"5"，在【YC 偏置】文本框中输入"-12.5"，如图 7.80 所示。

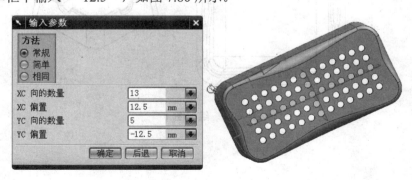

图 7.80　阵列孔

8. 移动层

(1) 将基准面移到 61 层。
(2) 将 61 层设为"不可见"。

最终效果如图 7.81 所示。

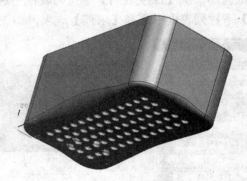

图 7.81  完成建模

## 7.9  上机练习

创建如图 7.82～图 7.86 所示的细节特征图。

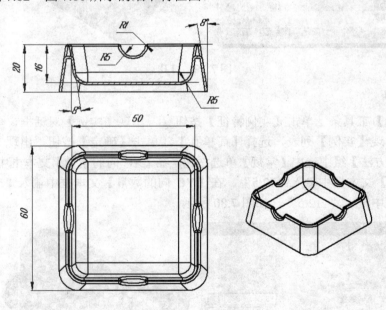

图 7.82  练习图 1

# 第 7 章 创建细节特征

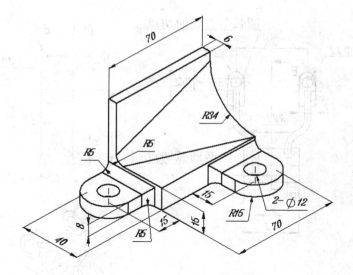

图 7.83 练习图 2

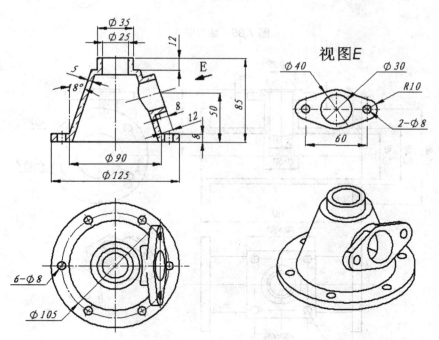

图 7.84 练习图 3

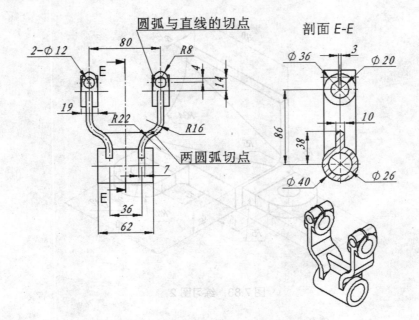

图 7.85　练习图 4

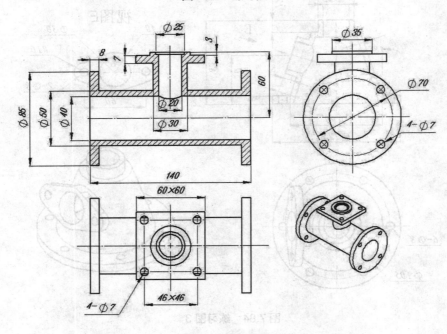

图 7.86　练习图 5

# 第 8 章 表达式与部件族

在 NX 的实体模型设计中,表达式是非常重要的概念和设计工具。特征、曲线和草图的每个形状参数和定位参数都是以表达式的形式存储的。表达式的形式是一种辅助语句:变量=值。等式左边为表达式变量,等式右边为常量、变量、算术语句或条件表达式。使用表达式可以建立参数之间的引用关系,是参数化设计的重要工具。通过修改表达式的值,可以很方便地修改和更新模型,这就是所谓的参数化驱动设计。

## 8.1 创建和编辑表达式

### 8.1.1 案例介绍及知识要点

创建螺母 GB 6170-2000。
M12 的有关数据如下:
$m$=10.8;$S$=8,如图 8.1 所示。

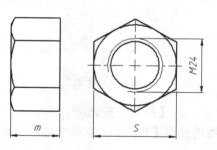

图 8.1 六角螺母的结构

知识点:

- 理解表达式的概念。
- 掌握表达式的运用方法。

### 8.1.2 操作步骤

1. 新建文件

新建文件"\NX6\8\Study\Nut_mm.prt"。

2. 创建表达式

选择【工具】|【表达式】命令,出现【表达式】对话框,在表达式的【名称】文本

框中输入表达式变量的名称"m",在表达式的【公式】文本框中输入变量的值"10.8",单击【接受编辑】按钮,创建表达式,如图 8.2 所示,单击【确定】按钮。

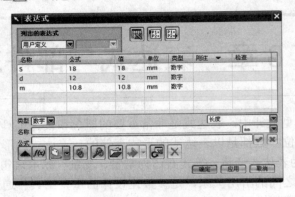

图 8.2 建立表达式

3. 创建基体

(1) 单击【特征】工具条上的【草图】按钮,以 XC-YC 坐标系平面作为草图放置平面,绘制如图 8.3 所示的草图,退出草图绘制模式。

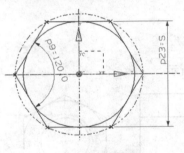

图 8.3 草图

(2) 单击【特征】工具条上的【拉伸】按钮,出现【拉伸】对话框,选取刚刚绘制的六边形草图,在【限制】组的结束【距离】文本框中输入"m",如图 8.4 所示,单击【确定】按钮,生成拉伸体。

 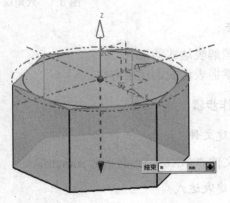

图 8.4 选取草图,设置拉伸参数

(3) 单击【特征】工具条上的【拉伸】按钮，出现【拉伸】对话框，选取刚刚绘制的圆草图，在【限制】组的结束【距离】文本框中输入"m"，在【拔模】组的【拔模】下拉列表框中选择【从起始限制】选项，在【角度】文本框中输入"-60"，在【布尔】组的【布尔】下拉列表框中选择【求交】选项，如图8.5所示，再单击【确定】按钮，生成拉伸体。

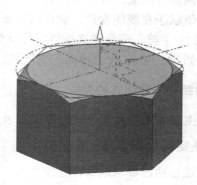

图 8.5 选取草图，设置拉伸参数

(4) 在【特征】工具条上单击【孔】按钮，出现【孔】对话框，指定圆心，在【方向】组的【孔方向】下拉列表框中选择【垂直于面】选项，在【形状和尺寸】组的【成形】下拉列表框中选择【简单】选项，在【直径】文本框输入"d"，在【深度限制】下拉列表中选择【贯通体】选项，在【布尔】组的【布尔】下拉列表框中选择【求差】选项，如图8.6所示，再单击【确定】按钮，生成孔。

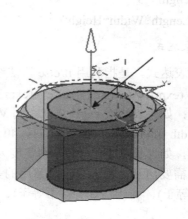

图 8.6 选取孔中心，设置孔的参数

### 8.1.3 步骤点评

创建基体时可以分别拉伸出两个实体，然后再做布尔求交运算。

### 8.1.4 知识总结——表达式的概念

可以使用表达式来参数化控制部件特征之间的关系或者装配部件之间的关系。例如，可以用长度描述支架的厚度。如果托架的长度变了，它的厚度会自动更新。表达式可以定义、控制模型的诸多尺寸，如特征或草图的尺寸。

表达式由两部分组成，等号左侧为变量名，右侧为组成表达式的字符串。表达式字符串经计算后将值赋予左侧的变量。表达式的变量名是由字母与数字组成的字符串，其长度小于或等于 32 个字符。变量名必须以字母开头，可包含下划线"_"，但要注意大小写是没有差别的，如 M1 与 m1 代表相同的变量名。

### 8.1.5 知识总结——表达式的类型

在 NX 中主要使用三种表达式，即算术表达式、条件表达式和几何表达式。

1. 算术表达式

表达式右边是通过算术运算符连接变量、常数和函数的算术式。

表达式中可以使用的基本运算符有+(加)、-(减)、*(乘)、/(除)、^(指数)、%(余数)，其中"-"可以作为负号使用。这些基本运算符的意义与数学中相应符号的意义是一致的。它们之间的相对优先级关系也与数学中的关系一致，即先乘除、后加减，同级运算自左向右进行。当然，表达式的运算顺序可以通过圆括号"()"来改变。

例如：

p1=52
p20=20.000
Length=15.00
Width=10.0
Height=Length / 3
Volume=Length*Width*Height

2. 条件表达式

所谓条件表达式，是指利用 if/else 语法结构建立的表达式。if/else 语法结构为：
VAR=if (exprl) (expr2) else (expr3)
其意义是：如果表达式 exprl 成立，则 VAR 的值为 expr2，否则为 expr3。
例如：width=if (length<100) (60) else 40
其含义为，如果长度小于 100，则宽度为 60，否则宽度为 40。
条件语句需要用到关系运算符，常用的关系运算符有：>(大于)、>=(大于等于)、<(小于)、<=(小于等于)、==(等于)、!=(不等于)、&&(逻辑与)、||(逻辑或)、!(逻辑非)。

3. 几何表达式

表达式右边为测量的几何值，该值与测量的几何对象相关。若几何对象发生改变，则几何表达式的值自动更新。几何表达式有以下 5 种类型。

- 距离：指定两点之间、两对象之间，以及一点到一对象之间的最短距离。
- 长度：指定一条曲线或一条边的长度。
- 角度：指定两条线、边缘、平面和基准面之间的角度。
- 体积：指定一实体模型的体积。
- 面积和周长：指定一片体、实体面的面积和周长。

说明：在表达式中还可以使用注解，以说明该表达式的用途与意义等信息。使用方法是在注解内容前面加两条斜线符号"//"。

## 8.2 创建抑制表达式

### 8.2.1 案例介绍及知识要点

应用抑制表达式控制是否需添加加强筋，如图 8.7 所示。

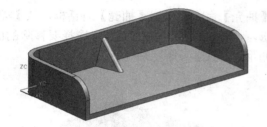 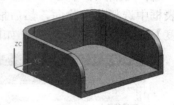

图 8.7 控制是否需添加加强筋

知识点：

应用抑制表达式控制特征。

### 8.2.2 操作步骤

1. 新建文件

新建文件"\NX6\8\Study\suppress.prt"。

2. 创建基体

(1) 选择【插入】|【设计特征】|【长方体】命令，出现【长方体】对话框，从【类型】下拉列表框中选择【原点和边长】选项；在【尺寸】组中，在【长度】文本框中输入"100"，在【宽度】文本框中输入"200"，在【高度】文本框中输入"40"，单击【确定】按钮，创建长方体，如图 8.8 所示。

(2) 选择【插入】|【细节特征】|【边倒圆】命令，打开【边倒圆】对话框，在【要倒圆的边】组中激活【选择边】，在图形区选择一条边，在 Radius1 文本框中输入半径值"20"，

如图8.9所示。

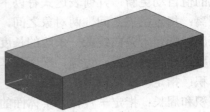

图8.8 创建基体

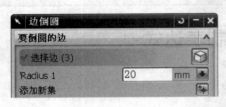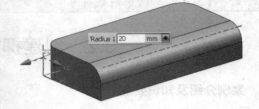

图8.9 倒角

(3) 选择【插入】|【偏置/缩放】|【抽壳】命令，出现【抽壳】对话框，从【类型】下拉列表框中选择【移除面，然后抽壳】选项，激活【要冲裁的面】，选择要移除的面，在【厚度】文本框中输入"5"，如图8.10所示，创建等厚度抽壳特征。

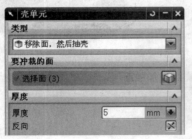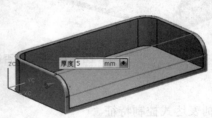

图8.10 创建等厚度抽壳特征

(4) 单击【特征】工具条上的【三角形加强筋】按钮，出现【三角形加强筋】对话框，分别选择欲添加加强筋的两个面，从【方法】下拉列表框中选择【沿曲线】选项，选中【%圆弧长】单选按钮，在文本框中输入"50"，在【角度】文本框中输入"45"，在【深度】文本框中输入"20"，在【半径】文本框中输入"3"，如图8.11所示，再单击【确定】按钮。

**3. 创建抑制表达式**

选择【编辑】|【特征】|【由表达式抑制】命令，出现【由表达式抑制】对话框，在【表达式】组的【表达式选项】下拉列表框中选择【为每个创建】选项，在【相关特征】列表中选择"三角形加强筋(4)"，如图8.12所示，再单击【应用】按钮。

# 第 8 章 表达式与部件族

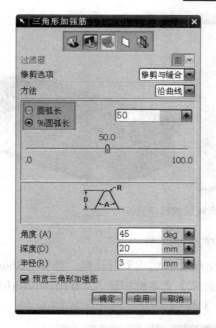
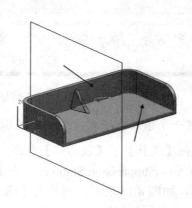

图 8.11　创建加强筋

4. 检查表达式的建立

单击【显示表达式】按钮，在列表中检查建立的表达式，如图 8.13 所示。

5. 重命名并测试新的表达式

选择【工具】|【表达式】命令，出现【表达式】对话框，查找创建的表达式 p23 并将其改名为 Show_Suppress，将 Show_Suppress 的值由 1 改为 0，单击【应用】按钮，如图 8.14 所示。

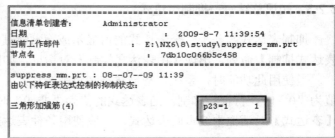

图 8.12　【由表达式抑制】对话框　　　　　　图 8.13　列表

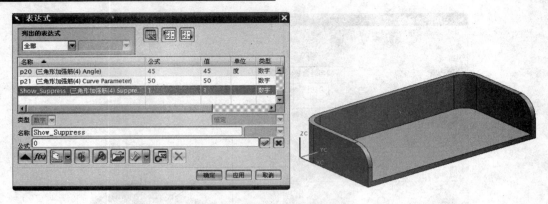

图 8.14 特征抑制后的模型显示

6. 创建一个条件表达式，用以控制 Show_Suppress

(1) 选择【工具】|【表达式】命令，出现【表达式】对话框，选择"Show_Suppress (三角形加强筋(4)Suppression Status)"，在【公式】文本框中输入"if (p7<120)(0) else (1)"，单击✓按钮，如图 8.15 所示，再单击【确定】按钮。

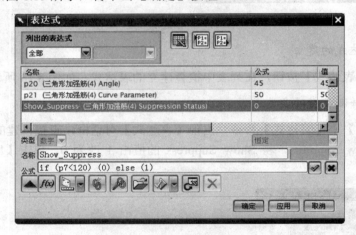

图 8.15 【表达式】对话框

(2) 改变 p7 的值为 100，测试条件表达式。

### 8.2.3 知识总结——抑制表达式

抑制表达式：基于一个表达式的值显示或隐藏特征，选择【编辑】|【特征】|【由表达式抑制】命令，出现【由表达式抑制】对话框，如图 8.16 所示。

当使用此功能时，系统自动创建抑制特征表达式，并相关于所选的特征。当表达式的值为"0"时，特征被抑制。当表达式的值为"非 0"时(默认为 1)，特征不被抑制。可在【表达式】对话框中编辑此表达式，一般使用条件表达式来抑制特征的显示或隐藏。

# 第 8 章 表达式与部件族

图 8.16 【由表达式抑制】对话框

## 8.3 创建部件族

在设计产品时，由于产品的系列化，肯定会带来零件的系列化，这些零件外形相似，但由于大小不等或材料不同，会存在一些微小的差别，在用户进行三维建模时，可以考虑使用 CAD 软件的一些特殊的功能来简化这些重复的操作。NX 的部件族(Part Family)就可以帮助用户来完成这样的工作，达到知识再利用的目的，并可以大大节省三维建模的时间。用户可以按照需求建立自己的部件家族零件，可以定义使用不同的材料、规格和大小，其定义过程使用了 Spreadsheet 电子表格来帮助完成，其内容丰富且使用简单。

### 8.3.1 案例介绍及知识要点

创建螺母 GB 6170—86 的实体模型零件库，零件规格如表 8.1 所示。

表 8.1  六角头螺母的规格

| 螺纹规格 $d$ | $m$ | $S$ |
| --- | --- | --- |
| M12 | 10.8 | 18 |
| M16 | 14.8 | 24 |
| M20 | 18 | 30 |
| M24 | 21.5 | 36 |

知识点:

掌握创建部件族的方法。

### 8.3.2 操作步骤

1. 新建文件

新建文件"\NX6\8\Study\Nut_6170.prt"。

## 2. 建立部件族参数电子表格

(1) 选择【工具】|【部件族】命令，出现【部件族】对话框，在【可用的列】列表框中依次双击螺栓的可变参数 $S$、$d$、$m$，将这些参数添加到【选定的列】列表框中，将【族保存目录】改为"E:\NX6\8\study\"，如图 8.17 所示。

(2) 单击【创建】按钮，系统启动 Microsoft Excel 程序，并生成一张工作表，如图 8.18 所示。

图 8.17 【部件族】对话框

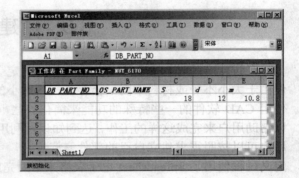

图 8.18 部件族参数电子表格

(3) 录入系列螺栓的规格，如图 8.19 所示。

(4) 选取工作表中的 2～5 行、A～E 列。选择 Excel 程序中【部件族】|【创建部件】命令，系统运行一段时间以后，出现【信息】对话框，如图 8.20 所示。显示所生成的系列零件，即零件库。

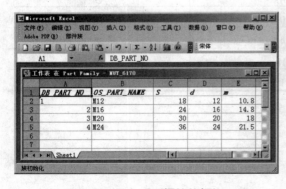

图 8.19 录入系列螺栓的规格

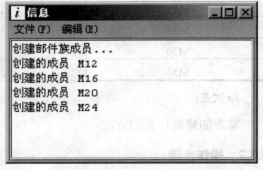

图 8.20 【信息】对话框

### 8.3.3 知识总结——部件族

使用【部件族】命令可以创建一族部件,即首先创建一个模板部件,再使用 NX 电子表格(用【部件族】对话框中的【创建】按钮打开)生成一个描述各种部件族成员的表。一般步骤如下。

(1) 创建一个模板部件,这是建立部件族成员的基础。

(2) 选择【工具】|【部件族】命令,出现【部件族】对话框,利用模板部件,定义要在部件族成员中使用的参数列。要定义所需的参数列,首先应选定一种参数类型,然后从对应该类型的所有参数列表中选择所需的参数,并将其添加到已选定的参数列表框中。最后指定部件族成员文件存放目录,单击【创建】按钮,启动电子表格建立部件族参数电子表格。

(3) 定义完部件参数之后,选择【部件族】|【确认部件】命令进行定义参数的验证,确保部件族成员可成功建立。

(4) 确定参数的合理性之后,选择【部件族】|【创建部件】命令,可建立成员部件。

(5) 选择【部件族】|【保存族】命令,可保存部件参数电子表格。

## 8.4 实 战 练 习

通过建立条件表达式来体现设计意图,如图 8.21 所示。

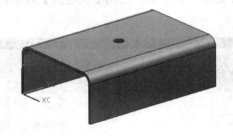

图 8.21 应用表达式

设计意图:
长是高的两倍。
宽等于高的三倍。
孔的直径是高的函数,如下所示。

| 部件高(height) | 孔直径(hole_dia) |
| --- | --- |
| Height>80 | 20 |
| 60<height≤80 | 16 |
| 40<height≤60 | 12 |
| 20<height≤40 | 8 |
| height≤20 | 0 |

### 8.4.1 建模分析

孔将由下列表达式约束：

Hole_dia=if (height>80) (10)　　else (hole_c)

即，如果高大于 80，则孔直径将等于 20；否则转到表达式 hole_c。

Hole_c=if (height>60) (16)　　else (hole_b)

即，如果高大于 60，则孔直径将等于 16；否则转到表达式 hole_b。

Hole_b=if (height>40) (12)　　else (hole_a)

即，如果高大于 40，则孔直径将等于 12；否则转到表达式 hole_a。

Hole_a=if (height>20) (8)　　else (hole_sup)

即，如果高大于 20，则孔直径将等于 8；否则转到表达式 hole_sup。

Hole_sup=if (height<20) (0)　　else (1)

即，如果高小于 20，则抑制孔特征；否则不抑制孔特征。

### 8.4.2 操作步骤

**1. 新建文件**

新建文件 "\NX6\8\Study\expression.prt"。

**2. 创建模型**

(1) 选择【工具】|【表达式】命令，出现【表达式】对话框，建立表达式，如图 8.22 所示。

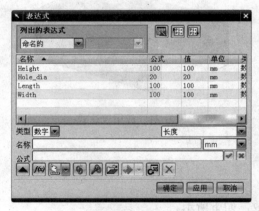

图 8.22　【表达式】对话框

(2) 选择【插入】|【设计特征】|【长方体】命令，出现【长方体】对话框，单击【长度】文本框下拉按钮，选择【公式】选项，出现【表达式】对话框，选择 Length；单击【宽度】文本框下拉按钮，选择【公式】选项，出现【表达式】对话框，选择 Width；单击【高度】文本框下拉按钮，选择【公式】选项，出现【表达式】对话框，选择 Height，单击【确定】按钮，在坐标系原点(0,0,0)创建长方体，如图 8.23 所示。

# 第8章 表达式与部件族

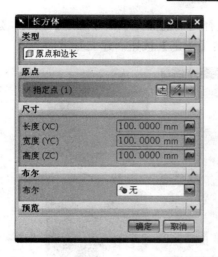

图 8.23 创建长方体

(3) 单击【特征操作】工具条上的【边倒圆】按钮，在【要倒圆的边】组激活【选择边】，在图形区选择边(2)，在 Radius 1 文本框中输入"10"，如图 8.24 所示，单击【确定】按钮。

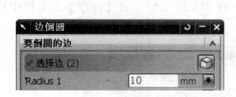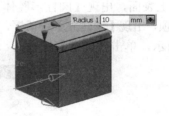

图 8.24 等半径边倒圆

(4) 单击【特征操作】工具条上的【抽壳】按钮，从【类型】下拉列表框中选择【移除面，然后抽壳】选项；在【要冲裁的面】组中激活"选择面(3)"，在图形区选择底面和两侧的面；在【厚度】组中的【厚度】文本框中输入"5"，如图 8.25 所示，单击【确定】按钮。

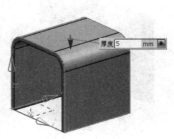

图 8.25 抽壳

(5) 单击【特征】工具条上的【基准平面】按钮，出现【基准平面】对话框，在【类

211

型】下拉列表框中选择【平分】选项,选择两端的面,单击【应用】按钮,建立基准面1。再选择另两端的面,如图8.26所示,单击【确定】按钮,建立基准面2。

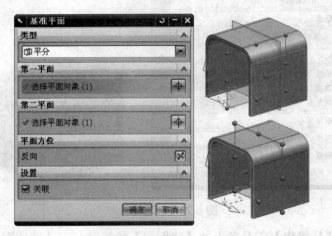

图 8.26　建立基准面

(6) 单击【特征】工具条上的【腔体】按钮，出现【腔体】对话框,单击【圆柱形】按钮,选择上表面,出现【圆柱形腔体】对话框,单击【腔体直径】的下拉按钮，选择【公式】选项,出现【表达式】对话框,选择"Hole_dia",在【深度】文本框中输入"10",如图8.27所示,单击【确定】按钮。

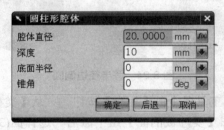

图 8.27　【圆柱形腔体】对话框

(7) 出现【定位】对话框,单击【点到线】按钮,选择"基准面2"和"圆心",单击【点到线】按钮,选择"基准面1"和"圆心",如图8.28所示。

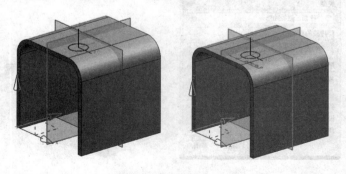

图 8.28　定位

## 3. 改变高和宽的表达式

(1) 选择【工具】|【表达式】命令，出现【表达式】对话框，选择"Length"，在【公式】文本框中输入"2*height"，单击✓按钮；选择"Width"，在【公式】文本框中输入"3*height"，单击✓按钮，如图 8.29 所示。

图 8.29 【表达式】对话框

(2) 单击【确定】按钮，模型更新如图 8.30 所示。

## 4. 建立孔的抑制表达式

设计意图规定如果高小于 1 则孔直径为零。如果将孔直径设为零，将收到一个错误信息。设计意图将通过建立一个抑制特征的抑制表达式来完成。

(1) 选择【编辑】|【特征】|【由表达式抑制】命令，出现【由表达式抑制】对话框，在【表达式选项】下拉列表框中选择【为每个创建】选项。展开【选择特征】组，在【候选特征】列表中选择"圆柱形腔体(6)"，如图 8.31 所示，单击【确定】按钮。

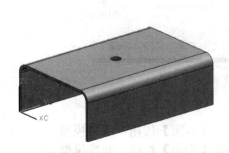

图 8.30 更新后的模型

图 8.31 【由表达式抑制】对话框

(2) 选择【工具】|【表达式】命令，出现【表达式】对话框，选择"p31 (圆柱形腔

体(6) Suppression Status)",在【名称】文本框中输入"hole_sup",在【公式】文本框中输入"if (height<20)(0)else (1)",单击✓按钮,如图 8.32 所示,再单击【确定】按钮。

图 8.32 【表达式】对话框

(3) 建立其余的条件表达式:
Hole_a=if (height>20)(8)else (hole_sup);
Hole_b=if (height>40)(12)else (hole_a);
Hole_c=if (height>60)(16)else (hole_b);
选择"Hole_dia",编辑公式"if (height>80) (20) else (hole_c)",如图 8.33 所示,单击【应用】按钮。

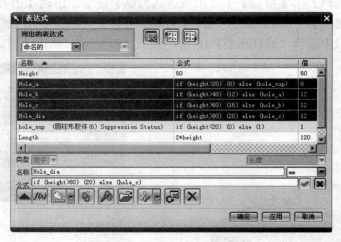

图 8.33 【表达式】对话框

5. 测试设计意图

(1) 选择"height",编辑公式为"60",单击【应用】按钮,观察模型。
(2) 选择"height",编辑公式为"15",单击【应用】按钮,观察模型。
最终效果如图 8.34 所示。

# 第 8 章 表达式与部件族

 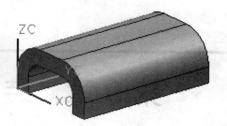

图 8.34　最终模型效果

## 8.5　上机练习

### 1. 建立垫圈部件族

建立如图 8.35 所示的垫圈部件族。

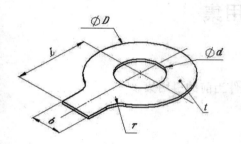

| 公制螺纹 | 单舌垫圈 | | | | | |
|---|---|---|---|---|---|---|
| | $d$ | $D$ | $t$ | $L$ | $b$ | $r$ |
| 6 | 6.5 | 18 | 0.5 | 15 | 6 | 3 |
| 10 | 10.5 | 26 | 0.8 | 22 | 9 | 5 |
| 16 | 17 | 38 | 1.2 | 32 | 12 | 6 |
| 20 | 21 | 45 | 1.2 | 36 | 15 | 8 |

图 8.35　练习图 1

### 2. 建立轴承压盖部件族

创建如图 8.36 所示的轴承压盖部件族。

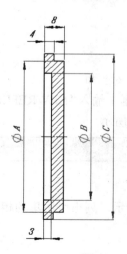

| | A | B | C |
|---|---|---|---|
| 1 | 62 | 52 | 68 |
| 2 | 47 | 37 | 52 |
| 3 | 30 | 20 | 35 |

图 8.36　练习图 2

# 第 9 章 装配建模

装配过程就是在装配中建立各部件之间的链接关系。它是通过一定的配对关联条件在部件之间建立相应的约束关系，从而确定部件在整体装配中的位置。在装配中，部件的几何实体是被装配引用，而不是被复制，整个装配部件都保持关联性，不管如何编辑部件，如果其中的部件被修改，则引用它的装配部件会自动更新，以反映部件的变化。在装配中可以采用自顶向下或自底向上的装配方法或混合使用上述两种方法。

## 9.1 新建引用集

### 9.1.1 案例介绍及知识要点

创建新引用集(ReferenceSets)，在装配中改变组件当前的引用集。

知识点：
- 理解引用集的概念。
- 掌握创建引用集和应用引用集的方法。

### 9.1.2 操作步骤

1. 打开文件

打开文件"\NX6\9\Study\caster\caster_wheel.prt"。

2. 创建新的引用集

(1) 选择【格式】|【引用集】命令，出现【引用集】对话框。
(2) 单击【创建引用集】按钮，在【引用集名称】文本框中输入"NEWREFERENCE"。
(3) 激活【选择对象】，在图形区选择轮体，如图 9.1 所示。

说明：引用集名称的长度不能超过 30 个字符。

3. 查看当前部件中已经建立的引用集的有关信息

单击【信息】按钮，出现【信息】窗口，如图 9.2 所示，列出引用集的相关信息。

4. 删除引用集

在引用集列表框中选中要删除的引用集，单击【删除】按钮即可。

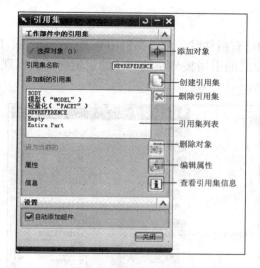

图9.1 【引用集】对话框

图9.2 【信息】窗口

5. 编辑引用集属性

在引用集列表框中选择要进行编辑的引用集,单击【编辑属性】按钮,出现【引用集 属性】对话框,如图9.3所示。在该对话框中可进行属性名称和属性值的设置。

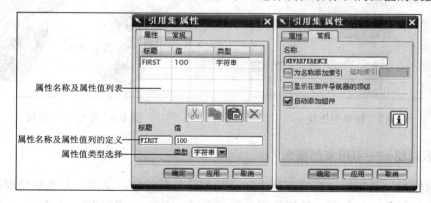

图9.3 【引用集-属性】对话框

## 6. 引用集的使用

在建立装配中，添加已有组件时，可以在引用集 Reference Set 下拉列表框中进行选择，如图 9.4 所示，用户所建立的引用集与系统默认的引用集都会出现在此下拉列表框中，用户可根据需要选择引用集。

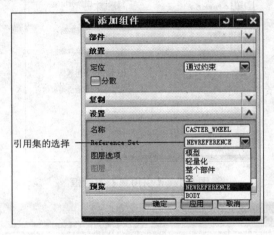

图 9.4 添加已存组件

## 7. 替换引用集

(1) 在装配导航器中，还可以在不同的引用集之间切换，即右击选定的组件部件，在弹出的快捷菜单中选择【替换引用集】命令，如图 9.5 所示。

(2) 替换引用集前后效果比较如图 9.6 所示。

图 9.5 替换引用集

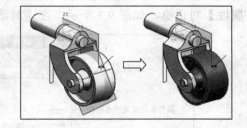

图 9.6 前后对比效果

### 9.1.3 知识总结——引用集的概念

所谓引用集，是指用户在零部件中定义的部分几何对象，这部分对象就是要载入的对象。引用集可包含的对象有：零部件的名称、原点、方向、几何实体、坐标系、基准平面、基准轴、图案对象、属性等。引用集本质上是一组命名的对象,生成引用集之后,就可以单独装配到组件中。一个零部件可以有多个引用集,不同部件的引用集可以有相同的名称。

在系统默认状态,每个零部件有以下两个引用集。

- Empty:空集。该引用集是空的引用集,是不包含任何几何数据的引用集。如果以空引用集形式添加到装配中时,则在装配中不会显示该部件。在装配中对某些不需要显示的装配组件使用空引用集,可以提高效率。
- EntirePart:完整部件。该引用集表示整个几何部件,包含该引用部件的所有几何数据。在装配中添加组件时,如果没有选择其他引用集,则默认采用该引用集。通常,其他引用集的对象信息都会少于该引用集,都只体现了部件的某一方面的信息。

这两个引用集中的对象是不能再添加或删除的。另外,如果部件中已经包含了实体,则系统会自动生成模型引用集 Model。

## 9.2 从底向上设计方法

### 9.2.1 案例介绍及知识要点

利用装配模板建立新装配,并添加组件,建立约束,如图 9.7 所示。

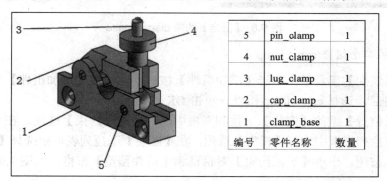

图 9.7 从底向上设计装配组件

知识点:
- 装配术语。
- 添加零件。
- 在装配中定位组件。

### 9.2.2 操作步骤

1. 新建文件

新建文件 "\NX6\9\Study\Clamp_assembly.prt"。

2. 添加第一个组件 clamp_base

(1) 单击【装配】工具条上的【添加组件】按钮，出现【添加组件】对话框，单击【打开】按钮，选择 clamp_base，单击 OK 按钮。

(2) 在【位置】组中的【定位】下拉列表框中选择【绝对原点】选项。在【设置】组中，从【引用集】下拉列表框中选择【模型】选项，从【图层】下拉列表框中选择【工作】选项，单击【确定】按钮。

(3) 在【装配】工具条上单击【装配约束】按钮，出现【装配约束】对话框，在【类型】下拉列表框中选择【固定】选项，在图形区选择 clamp_base 组件，单击【确定】按钮，如图 9.8 所示。

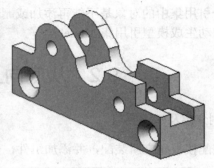

图 9.8 【固定】约束 clamp_base

3. 添加第二个组件 cap_clamp

(1) 在【装配】工具条上单击【添加组件】按钮，出现【添加组件】对话框，单击【打开】按钮，选择 cap_clamp 组件，单击 OK 按钮。

(2) 在【位置】组的【定位】下拉列表框中选择【通过约束】选项。在【设置】组的【引用集】下拉列表框中选择【模型】选项，在【图层】下拉列表框中选择【工作】选项，单击【应用】按钮，出现【装配约束】对话框和【组件预览】窗格，如图 9.9 所示。

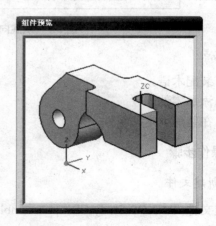

图 9.9 【装配约束】对话框与【组件预览】窗格

(3) 在【类型】下拉列表框中选择【接触对齐】选项,在【要约束的几何体】组的【方位】下拉列表框中选择【自动判断中心/轴】选项,在 cap_clamp 和 clamp_base 组件上选择孔,如图 9.10 所示,单击【应用】按钮。

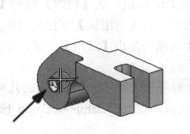
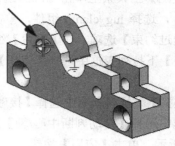

图 9.10　添加【自动判断中心/轴】约束

(4) 在【类型】下拉列表框中选择【接触对齐】选项,在【要约束的几何体】组的【方位】下拉列表框中选择【首选接触】选项,在 cap_clamp 和 clamp_base 组件上选择对齐面,如图 9.11 所示,单击【应用】按钮。

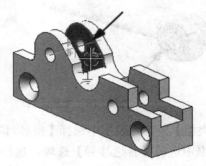

图 9.11　添加【对齐】约束

(5) 在【类型】下拉列表框中选择【角度】选项,在【要约束的几何体】组的【子类型】下拉列表框中选择【3D 角】选项,在【角度】组的【角度】文本框中输入"180",在 cap_clamp 和 clamp_base 组件上选择成角度面,如图 9.12 所示,单击【确定】按钮。

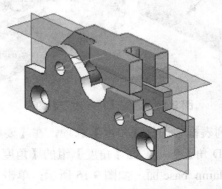

图 9.12　添加【角度】约束

**4. 添加第三个组件 lug_clamp**

(1) 将 base_clamp 引用集替换为【整个部件】。

(2) 在【装配】工具条上单击【添加组件】按钮，出现【添加组件】对话框，单击【打开】按钮，选择 lug_clamp 组件，单击 OK 按钮。在【位置】组的【定位】下拉列表框中选择【通过约束】选项。在【设置】组中，从【引用集】下拉列表框中选择【模型】选项，从【图层】下拉列表框中选择【工作】选项，单击【应用】按钮，出现【装配约束】对话框。

(3) 在【类型】下拉列表框中选择【接触对齐】选项，在【要约束的几何体】组的【方位】下拉列表框中选择【自动判断中心/轴】选项，在 lug_clamp 和 clamp_base 组件上选择孔，如图 9.13 所示，单击【应用】按钮。

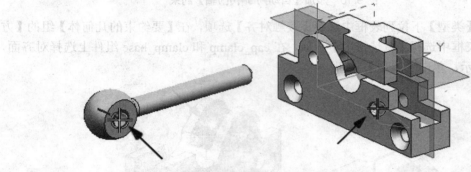

图 9.13 添加【自动判断中心/轴】约束

(4) 在【类型】下拉列表框中选择【接触对齐】选项，在【要约束的几何体】组的【方位】下拉列表框中选择【首选接触】选项，选择 lug_clamp 的中心线和 clamp_base 的基准面，如图 9.14 所示，单击【应用】按钮。

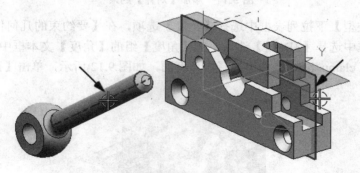

图 9.14 添加【接触对齐】约束

(5) 在【类型】下拉列表框中选择【角度】选项，在【要约束的几何体】组的【子类型】下拉列表框中选择【3D 角】选项，在【角度】组的【角度】文本框中输入"90"，选择 lug_clamp 的中心线和 clamp_base 面，如图 9.15 所示，单击【确定】按钮。

(6) 将 base_clamp 引用集替换为【模型】。

5. 添加其他组件

(1) 添加 nut_clamp 和 pin_clamp 组件，如图 9.16 所示。

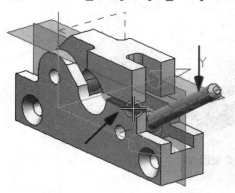

图 9.15　添加【角度】约束　　　图 9.16　添加 nut_clamp 和 pin_clamp 组件

(2) 完成约束。

6. 创建爆炸图

单击【爆炸图】工具条上的【创建爆炸图】按钮，出现【创建爆炸图】对话框，在【名称】文本框中保留默认的爆炸图名称"Explosion 1"，用户亦可自定义爆炸图名称，单击【确定】按钮，爆炸图"Explosion 1"即被创建。

7. 编辑爆炸图

(1) 单击【编辑爆炸图】按钮，出现【编辑爆炸图】对话框，选择 nut_clamp 组件，单击鼠标中键，出现 WCS 动态坐标系，拖动坐标原点图标到合适位置，如图 9.17 所示，单击【确定】按钮。

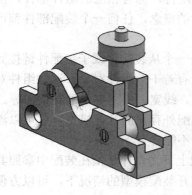 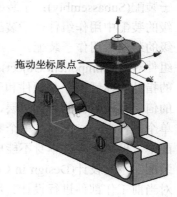

拖动坐标原点

图 9.17　编辑爆炸视图(1)

(2) 重复执行编辑爆炸图，完成爆炸图的创建工作，如图 9.18 所示。

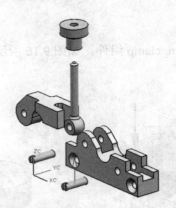

图 9.18　编辑爆炸视图(2)

8. 隐藏爆炸图

选择【装配】|【爆炸图】|【隐藏爆炸图】命令，则不显示爆炸效果，模型恢复到装配模式。选择【装配】|【爆炸图】|【显示爆炸图】命令，则显示组件的爆炸状态。

### 9.2.3 知识总结——术语定义

装配引入了一些新术语，其中部分术语定义如下。

- 装配(Assembly)：一个装配是多个零部件或子装配的指针实体的集合。任何一个装配都是一个包含组件对象的.prt 文件。
- 组件部件(Component Part)：组件部件是装配中的组件对象所指的部件文件，它可以是单个部件也可以是一个由其他组件组成的子装配。任何一个部件文件中都可以添加其他部件成为装配体，需要注意的是，组件部件是被装配件所引用，而并没有被复制，实际的几何体是存储在组件部件中的。
- 子装配(Subassembly)：子装配本身也是装配件，拥有相应的组件部件，而在高一级的装配中用作组件。子装配是一个相对的概念，任何一个装配部件都可在更高级的装配中用作子装配。
- 组件对象(Component Object)：组件对象是一个从装配件或子装配件链接到主模型的指针实体。每个装配件和子装配件都含有若干个组件对象。这些组件对象记录的信息有：组件的名称、层、颜色、线型、线宽、引用集、配对条件等。
- 单个零件(Piece Part)：单个零件就是在装配外存在的几何模型，它可以添加到装配中，但单个零件本身不能成为装配件，不能含有下级组件。
- 装配上下文设计(Design in Context)：装配上下文设计是指在装配中参照其他部件对当前工作部件进行设计。用户在没有离开装配模型的情况下，可以方便地实现各组件之间的切换，并对其做出相应的修改和编辑。
- 工作部件(Work Part)：工作部件是指用户当前进行编辑或建立的几何体部件。它可以是装配件中的任一组件部件。
- 显示部件(Displayed Part)：显示部件是指当前在图形窗口中显示的部件。当显示部件为一个零件时，此时该零件就是工作部件。

装配、子装配、组件对象及组件之间的相互关系如图 9.19 所示。

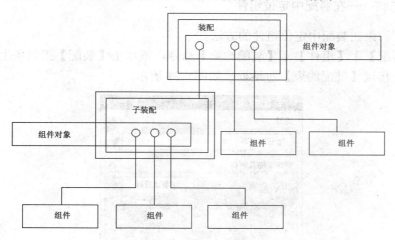

图 9.19　装配关系示意

### 9.2.4　知识总结——将已有零部件添加到装配中

选择【装配】|【组件】|【添加组件】命令，出现【添加组件】对话框，如图 9.20 所示，可以向装配环境中引入一个部件作为装配组件。相应的，该种创建装配模型的方法即是前面所说的"从底向上"的方法。

图 9.20　【添加组件】对话框

### 9.2.5 知识总结——在装配中定位组件

利用装配约束在装配中定位组件的方法如下。

选择【装配】|【组件】|【装配约束】命令，或单击【装配】工具条上的【装配约束】按钮，出现【装配约束】对话框，如图 9.21 所示。

图 9.21 【装配约束】对话框

**1. 接触对齐**

使用【接触对齐】约束可以约束两个组件，使其彼此接触或对齐。这是最常用的约束。具体子类型又分为：首选接触、接触、对齐和自动判断中心/轴。

- 【接触】类型的含义：两个面重合且法线方向相反，如图 9.22 所示。

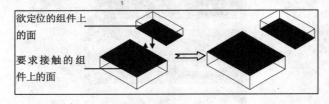

图 9.22 接触约束实例

- 【对齐】类型的含义：两个面重合且法线方向相同，如图 9.23 所示。

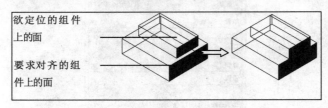

图 9.23 对齐约束实例

- 【自动判断中心/轴】类型的含义：指定在选择圆柱面或圆锥面时，NX 将使用面的中心或轴而不是面本身作为约束，如图 9.24 所示。

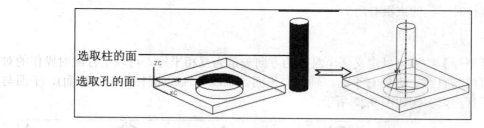

图 9.24　自动判断中心/轴约束实例

另外,【接触对齐】约束还用于约束两个柱面(或锥面)轴线对齐。具体操作为：依次选取两个柱面(或锥面)的轴线,如图 9.25 所示。

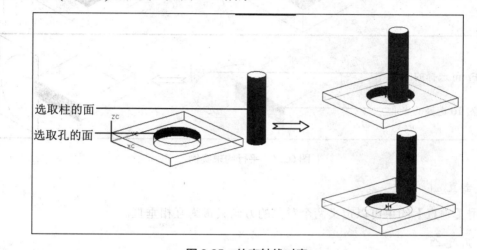

图 9.25　约束轴线对齐

2. 同心

使用【同心】约束可以约束两个组件的圆形边界或椭圆边界,以使中心重合,并使边界的面共面,如图 9.26 所示。

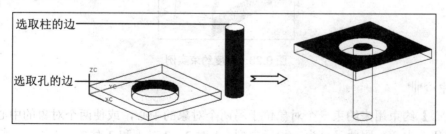

图 9.26　同心约束实例

3. 距离

使用【距离】约束可以指定两个对象之间的最小 3D 距离。

4. 固定

使用【固定】约束可以将组件固定在当前位置。要确保组件停留在适当位置且根据其约束其他组件时，此约束很有用。

5. 平行

使用【平行】约束可以定义两个对象的方向矢量为互相平行。可以平行配对操作的对象组合有直线与直线、直线与平面、轴线与平面、轴线与轴线(圆柱面与圆柱面)、平面与平面等，平行约束实例如图 9.27 所示。

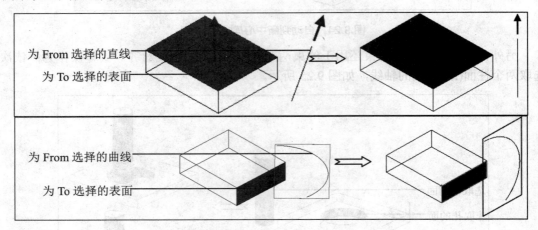

图 9.27　平行约束实例

6. 垂直

使用【垂直】约束可以定义两个对象的方向矢量为互相垂直。

7. 角度

使用【角度】约束可以定义两个对象之间的角度尺寸，如图 9.28 所示。

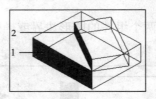

图 9.28　角度约束实例

8. 中心

【中心】约束用来约束一个对象位于另两个对象的中心，或使两个对象的中心对准另外两个对象的中心，因此又分为三种子类型：1 对 2、2 对 1 和 2 对 2。

- 1 对 2：用于约束一个对象定位到另两个对象的对称中心上。如图 9.29 所示，欲将圆柱定位到槽的中心，可以依次选取柱面的轴线、槽的两个侧面，以实现 1 对 2 的中心约束。
- 2 对 1：用于约束两个对象的中心对准另一个对象，与"1 对 2"的用法类似，所不同的是，选取对象的次序为先选取需要对准中心的两个对象，再选取另一个对象。
- 2 对 2：用于约束两个对象的中心对准另两个对象的中心。如图 9.30 所示，欲将块的中心对准槽的中心,可以依次选取块的两个侧面和槽的两个侧面,以实现 2 对 2 的中心约束。

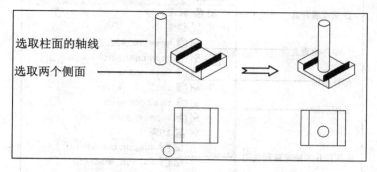

图 9.29 "1 对 2"中心约束实例

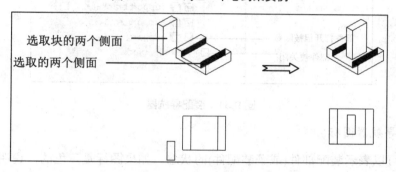

图 9.30 "2 对 2"中心约束实例

9. 胶合

【胶合】约束一般用于焊接件之间,胶合在一起的组件可以作为一个刚体移动。

10. 拟合

【拟合】约束用于将两个具有相等半径的圆柱面合在一起,比如约束定位销或螺钉到孔中。值得注意的是,如果之后半径变成不相等,那么此约束将失效。

### 9.2.6 装配导航器

装配导航器(Assemblies Navigtor)在资源窗口中以"树"形方式清楚地显示各部件的装配结构,也称为"树形目录"。单击 UG 图形窗口左侧的图标,即可进入装配导航器,如图 9.31 所示。利用装配导航器,可以快速选择组件并对组件进行操作,如工作部件、显示部件的切换,组件的隐藏与打开等。

1. 节点显示

在装配导航器中,每个部件都显示为一个节点,能够清楚地表达装配关系,可以快速和方便地对装配中的组件进行选择和操作。

每个节点都包括图标、部件名称、检查盒等组件。如果部件是装配件或子装配件,前面还会有压缩／展开盒，"+"号表示压缩，"-"号表示展开。

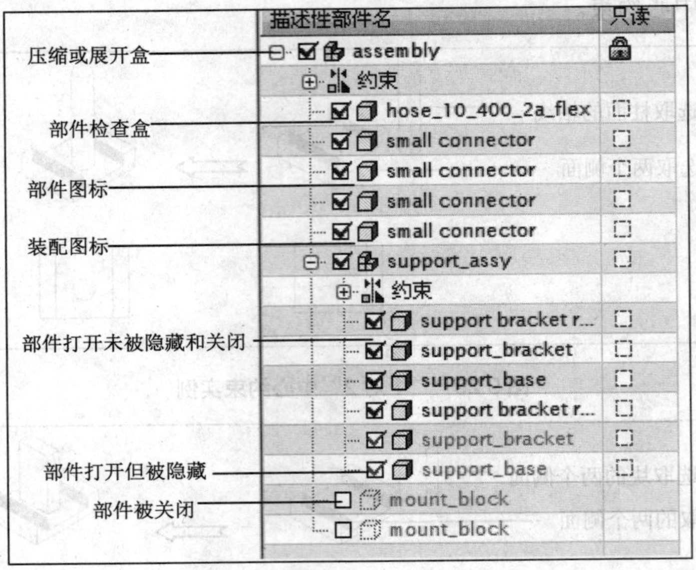

```
压缩或展开盒 ──→ ☑ assembly
                    ⊕ 约束
                         ☑ hose_10_400_2a_flex
  部件检查盒 ──→        ☑ small connector
                         ☑ small connector
  部件图标 ──→           ☑ small connector
                         ☑ small connector
  装配图标 ──→    ☑ support_assy
                    ⊕ 约束
                         ☑ support bracket r...
  部件打开未被隐藏和关闭 ──→ ☑ support_bracket
                         ☑ support_base
                         ☑ support bracket r...
                         ☑ support_bracket
  部件打开但被隐藏 ──→     ☑ support_base
  部件被关闭 ──→          ☐ mount_block
                         ☐ mount_block
```

图 9.31 装配导航器

**2. 装配导航器图标**

图标可以表示装配部件(或子装配件)的状态。如果图标是黄色的，说明装配件在工作部件内。如果图标是灰色的，说明装配件不在工作部件内。如果图标显示为灰色虚框，说明装配件是关闭的。

图标可以表示单个零件的状态。如果图标是黄色的，说明该零件在工作部件内。如果图标是灰色的，说明该零件不在工作部件内。如果图标显示为灰色虚框，说明该零件是关闭的。

**3. 检查盒**

每个载入部件前都会有检查框，可用来快速确定部件的工作状态。

如果显示为☑，即带有红色对号，则说明该节点表示的组件是打开的，并且没有隐藏和关闭的子节点。如果单击检查框，则会隐藏该组件以及该组件带有的所有子节点，同时检查框变成灰色。

如果显示为☑，即带有灰色对号，则说明该节点表示的组件是打开的但已经隐藏。

如果显示为☐，即不带有对号，则说明该节点表示的组件是关闭的。

**4. 替换快捷菜单**

如果选择一个节点或者选择多个节点并右击，会出现快捷菜单，菜单的形式与选定的节点类型有关。

## 9.3 创建组件阵列

### 9.3.1 案例介绍及知识要点

根据法兰上孔的阵列特征创建螺栓的组件阵列，如图 9.32 所示。

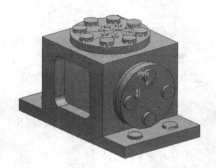

图 9.32 创建组件阵列

### 9.3.2 操作步骤

1. 打开文件

打开文件"\NX6\9\Study\Assm_array\array_Assembly.prt"。

2. 实例特征阵列

(1) 选择【装配】|【组件】|【创建阵列】命令，出现【类选择】对话框，在图形区选择螺栓，如图 9.33 所示，单击【确定】按钮。

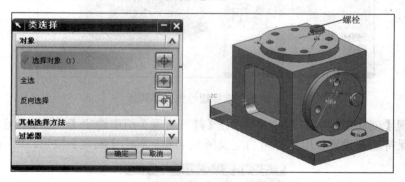

图 9.33 选择螺栓作为模板组件

(2) 出现【创建组件阵列】对话框，在【阵列定义】组中选中【从实例特征】单选按钮，【组件阵列名】保持默认设置，用户亦可自定义阵列名称，如图 9.34 所示，单击【确定】按钮。

(3) 完成实例特征阵列，如图 9.35 所示。

**注意：**【从实例阵列】主要用于添加螺钉、螺栓以及垫片等组件，需要强调的是，添加第一个组件时，定位条件必须选择【通过约束】，并且孔特征中除源孔特征外，其余孔必须是使用阵列命令创建的，在此例中，第一个螺栓作为模板组件，阵列出的螺栓共享模板螺栓的配合属性。

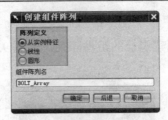

图9.34 【创建组件阵列】对话框

 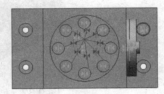

图9.35 实例特征阵列

3. 线性阵列

(1) 选择【装配】|【组件】|【创建阵列】命令，出现【类选择】对话框，选择螺栓作为阵列源，如图9.36所示，单击【确定】按钮。

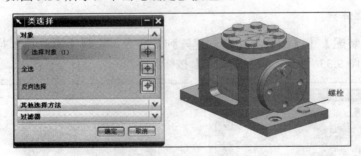

图9.36 选择螺栓作为阵列源

(2) 出现【创建组件阵列】对话框，在【阵列定义】组中选中【线性】单选按钮，【组件阵列名】保持默认设置，用户亦可自定义阵列名称，单击【确定】按钮，如图9.37所示。

图9.37 【创建组件阵列】对话框

(3) 出现【创建线性阵列】对话框，选中【面的法向】单选按钮，选择基座右端面，该面法向即为阵列 X 方向，此时 X 方向阵列的参数设置文本框被激活，在【总数-XC】文本框中输入"1"，在【偏置-XC】文本框中输入"0"，如图 9.38 所示。

 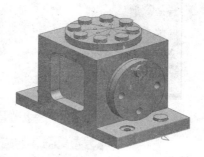

图 9.38　选择右端面法向方向作为 X 轴方向

(4) 选中【边】单选按钮，选择如图 9.39 所示的基座右端面一条边，该边所指方向即为阵列 Y 方向，此时 Y 方向阵列的参数设置文本框被激活，在【总数-YC】文本框中输入"2"，在【偏置-YC】文本框中输入"56"，如图 9.39 所示。

 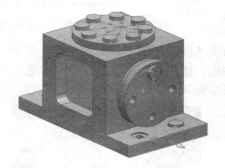

图 9.39　选择右端面边线作为 Y 轴方向

(5) 单击【确定】按钮，完成组件线性阵列，如图 9.40 所示。

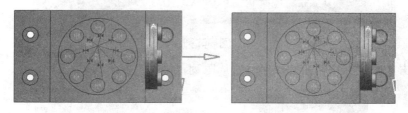

图 9.40　线性阵列

4. 圆的阵列

(1) 选择【装配】|【组件】|【创建阵列】命令，出现【类选择】对话框，选择螺栓，如图 9.41 所示，单击【确定】按钮。

(2) 出现【创建组件阵列】对话框，在【阵列定义】组中选中【圆形】单选按钮，【组件阵列名】保持默认设置，如图 9.42 所示，单击【确定】按钮。

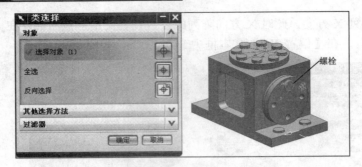

图 9.41 选择螺栓作为阵列源

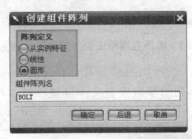

图 9.42 【创建组件阵列】对话框

(3) 出现【创建圆形阵列】对话框，在【轴定义】组中选中【圆柱面】单选按钮，选择盖板圆柱面，圆周阵列的参数设置文本框被激活，在【总数】文本框中输入 4，在【角度】文本框中输入 90，如图 9.43 所示。

图 9.43 圆周阵列参数设置

(4) 单击【确定】按钮，完成组件圆周阵列，如图 9.44 所示。

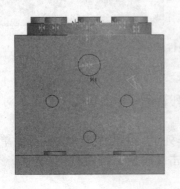 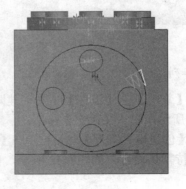

图 9.44 圆周阵列

5. 镜像装配

(1) 将 base 引用集替换为【整个部件】，如图 9.45 所示。

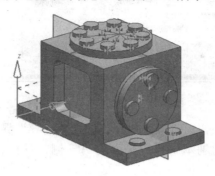

图 9.45　将引用集替换为【整个部件】

(2) 单击【镜像装配】按钮，出现【镜像装配向导】对话框，如图 9.46 所示。

图 9.46　【镜像装配向导】对话框

(3) 单击【下一步】按钮，进入"选择镜像组件向导"界面，选择要镜像的组件"bolt"，如图 9.47 所示。

图 9.47　选择镜像组件向导

(4) 单击【下一步】按钮，进入"选择镜像基准面向导"界面，选择镜像基准面，如图 9.48 所示。

图 9.48 选择镜像基准面向导

(5) 单击【下一步】按钮,进入"选择镜像类型向导"界面,默认设置为"指派重定位操作", 其选定组件的副本均置于平面的另一侧,该操作不会创建任何新组件,如图 9.49 所示。

图 9.49 选择镜像类型向导

(6) 单击【完成】按钮,完成创建镜像组件的操作,关闭【镜像装配向导】对话框,效果如图 9.50 所示。

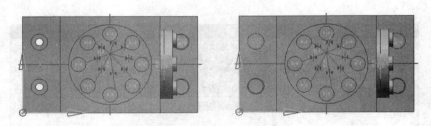

图 9.50 创建的镜像组件

## 9.4 WAVE 技术及装配上下文设计

所谓装配上下文设计,是指在装配设计过程中,对一个部件进行设计时需要参照其他的零部件。例如当对某个部件上的孔进行定位时,需要引用其他部件的几何特征来进行定位。自顶向下装配方法广泛应用于上下文设计。利用该方法进行设计时,装配部件为显示

## 第 9 章 装配建模

部件，但工作部件是装配中的选定组件，当前所做的任何工作都是针对工作部件的，而不是装配部件，装配部件中的其他零部件对工作部件的设计起到一定的参考作用。

在装配上下文设计中，如果需要某一组件与其他组件有一定的关联性，要用到 UG/WAVE 技术。该技术可以实现相关部件间的关联建模。利用 WAVE 技术可以在不同部件间建立链接关系。也就是说，可以基于一个部件的几何体或位置去设计另一个部件，二者存在几何相关性。它们之间的这种引用不是简单的复制关系，当一个部件发生变化时，另一个基于该部件的特征所建立的部件也会发生相应的变化，二者是同步的。用这种方法建立关联几何对象可以减少修改设计的成本，并保持设计的一致性。

### 9.4.1 案例介绍及知识要点

如图 9.51 所示，根据已有存箱体相关地建立一个垫片，要求垫片 1 来自箱体中的父面 2，若箱体中父面的大小或形状改变时，装配中的垫片也相应改变。

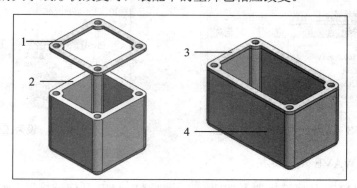

图 9.51　WAVE 技术实例

1—垫片；2—父面；3—垫片；4—箱体

**知识点：**

掌握边缘倒角的方法。

### 9.4.2　操作步骤

1. 打开文件

打开文件"\NX6\9\Study\Wave\Wave_Assembly.prt"，如图 9.52 所示。

图 9.52　打开文件

### 2. 添加新组件

选择【装配】|【组件】|【新建组件】命令,出现【新建组件文件】对话框,在【模板】选项卡中选中【模型】单选按钮,在【名称】文本框中输入"washer.prt",在【文件夹】下拉列表框中选择保存路径,单击【确定】按钮,出现【类选择】对话框,不做任何操作,单击【确定】按钮,再次单击【确定】按钮,展开【装配导航器】,如图9.53所示。

### 3. 设为工作部件

右击 Washer 组件,选择【设为工作部件】命令,如图9.54所示,将 Washer 组件设置为工作部件。

图9.53 【装配导航器】对话框

图9.54 设为工作部件

### 4. 建立 WAVE 几何链接

单击【WAVE 几何链接器】按钮,出现【WAVE 几何链接器】对话框,在【类型】下拉列表框中选择【面】选项,在图形区选择面,单击【确定】按钮,创建"链接的面(1)"。单击【部件导航器】按钮,展开【模型历史记录】特征树,可以看到已创建的 WAVE 链接面"链接的面(1)",如图9.55所示。

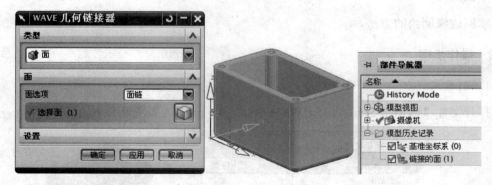

图9.55 WAVE 面

### 5. 建立垫圈

单击【开始】按钮,选择【建模】选项,启动【建模】模块,单击【特征】工具条上的【拉伸】按钮,出现【拉伸】对话框,在【选择意图】工具条上选择【片体边缘】选项,选择已创建的 WAVE 链接面"链接的面(1)",在【结束】下拉列表框中选择【值】

选项,在【距离】文本框中输入"5",如果拉伸方向指向基座内部,则单击【方向】组中的【反向】按钮,如图9.56所示,再单击【确定】按钮,创建垫片。

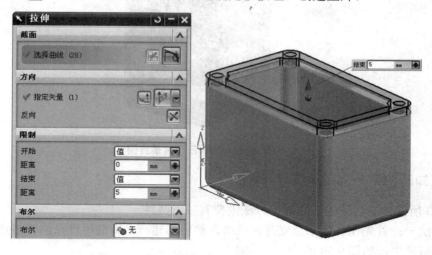

图9.56　WAVE 垫片

**6. 保存文件**

展开【装配导航器】,右击 Wave_assembly 组件,在弹出的快捷菜单中选择【设为工作部件】命令,如图9.57所示,选择【文件】|【保存】命令,保存文件。

图9.57　WAVE 实例

**7. 修改箱体**

展开【装配导航器】,右击 Base 组件,在弹出的快捷菜单中选择【设为工作部件】命令,更改箱体形状;展开【装配导航器】,右击 Wave_assembly 组件,在弹出的快捷菜单中选择【设为工作部件】命令,如图9.58所示。

239

图 9.58 WAVE 垫片最终图

### 9.4.3 知识总结——自顶向下设计方法

UG 所提供的自顶向下的装配方法主要有以下两种。

方法一：首先在装配中建立几何模型，然后创建一个新的组件，同时将该几何模型添加到该组件中，如图 9.59 所示。

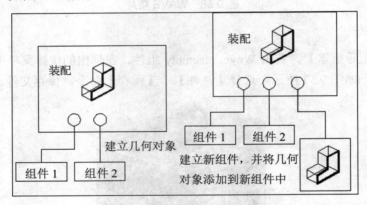

图 9.59 自顶向下的装配方法(1)

方法二：先建立包含若干空组件的装配体，此时不含有任何几何对象。然后，选定其中一个组件作为当前工作部件，再在该组件中建立几何模型。依次使其余组件成为工作部件，并建立几何模型，如图 9.60 所示。注意，既可以直接建立几何对象，也可以利用 WAVE 技术引用显示部件中的几何对象建立相关链接。

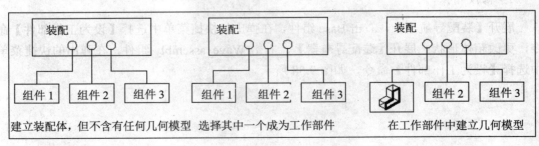

图 9.60 自顶向下的装配方法(2)

## 9.4.4 知识总结——WAVE 几何链接技术

在一个装配中，可以使用 WAVE 中的 WAVE Geometry Linker(WAVE 几何链接器)将一个部件中的相关几何对象复制到另一个部件中。在部件之间相关地复制几何对象后，即使包含了链接对象的部件文件没有被打开，这些几何对象也可以被建模操作引用。几何对象可以向上链接、向下链接或者跨装配链接，而且不要求被链接的对象一定存在。

单击【装配】工具条上的【WAVE 几何链接器】按钮，出现【WAVE 几何链接器】对话框，如图 9.61 所示。

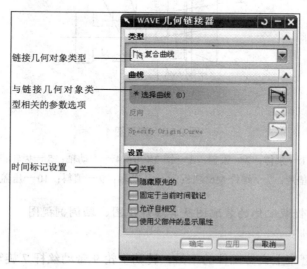

图 9.61 【WAVE 几何链接器】对话框

链接几何对象的类型如下。

- 复合曲线：从装配件中另一部件一曲线或边缘链接到工作部件。
- 点：链接在装配件中另一部件中建立的点或直线到工作部件中。
- 基准：从装配件中另一部件链接一基准特征到工作部件。
- 面：从装配件中另一部件链接一个或者多个表面到工作部件。
- 面区域：在同一装配件中的部件之间链接区域。
- 体：链接整个体到工作部件。
- 镜像体 D：类似整个体，除去为链接选择的体通过一已存在平面被镜像。
- 管线布置对象：从装配件中另一部件链接一个或者多个管线对象到工作部件。

# 9.5 上机练习

1. 制作小齿轮油泵装配体的装配图及其爆炸视图、轴侧剖视图

工作原理：

小齿轮油泵是润滑油管路中的一个部件。动力传给主动轴 4，经过圆锥销 3 将动力传

给齿轮 5，并经另一个齿轮及圆锥销传给从动轴 8，齿轮在旋转中造成两个压力不同的区域：高压区与低压区。润滑油便从低压区吸入，从高压区压出到需要的润滑的部位。此齿轮泵负载较小，只在泵体 1 与泵盖 2 端面加垫片 6 及主动轴处加填料 9 进行密封。

小齿轮油泵简图如图 9.62 所示。

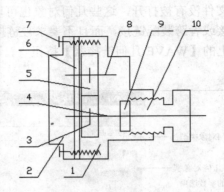

图 9.62　练习图 1

1—泵体；2—泵盖；3—销 3×20；4—主动轴；5—齿轮；
6—垫片；7—螺栓 M6×18；8—从动轴；9—填料；10—压盖螺母

2. 制作磨床虎钳装配体的装配图及其爆炸视图、轴侧剖视图

工作原理：

磨床虎钳是在磨床上夹持工件的工具。转动手轮 9 带动丝杆 7 旋转，使活动掌 6 在钳体 4 上左右移动，以夹紧或松开工件。活动掌 6 下面装有两条压板 10，把活动掌 6 压在钳体 4 上，钳体 4 与底盘 2 用螺钉 12 连接。底盘 2 装在底座 1 上，并可调整任意角度，调好角度后用螺栓 13 拧紧。

磨床虎钳简图如图 9.63 所示。

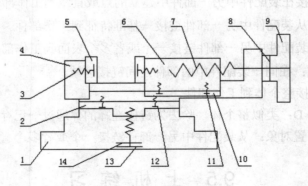

图 9.63　练习图 2

1—底座；2—底盘；3—螺钉 M8×32；4—钳体；5—钳口；6—活动掌；7—丝杆；8—圆柱销 4×30；
9—手轮；10—压板；11—螺钉 M6×18；12—螺钉 M6×14；13—螺栓 M16×35；14—垫圈

3. 制作分度头顶尖架装配体的装配图及其爆炸视图、轴测剖视图

工作原理：

此分度头顶尖架与 160 型立、卧式等分度头配套使用，可在铣床、钻床、磨床上用以支撑较长零件进行等分的一种辅助装置。其主要零件为底座 1、滑座 2、丝杆 5、螺母 6、滑块 4 和顶尖 3 等。丝杆由于其自身台阶及轴承盖 7 限制了其轴向移动，故旋转手把 11 迫使螺母 6 沿轴向移动，从而带动滑块 4 及顶尖 3 随之移动，以将工件顶紧或松开。

滑座 2 上有开槽，顺时针拧动螺母 M16 便压紧开槽，使之夹紧顶尖。反时针拧动螺母，由于弹性作用，开槽回位，以便顶尖调位。

分度头顶尖架简图如图 9.64 所示。

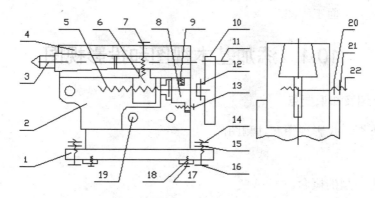

图 9.64　练习图 3

1—底座；2—滑座；3—顶尖；4—滑块；5—丝杆；6—螺母；7—轴承盖；8—端盖；
9—油杯 GB 1155—79；10—手轮；11—把手；12—销 4×25；13—螺钉 M4×10；14—螺母 M16；
15—垫圈；16—螺钉 M6×65；17—螺钉 M6×16；18—定位销；19—圆柱销；20—垫圈；
21—螺母 M16；22—螺柱 M16×70

# 第 10 章 工程图的构建

绘制产品的平面工程图是从模型设计到生产的一个重要环节,也是从概念产品到现实产品的一座桥梁和描述语言。因此,在完成产品的零部件建模、装配建模及其工程分析之后,一般要绘制其平面工程图。

## 10.1 添加基本视图和投影视图

### 10.1.1 案例介绍及知识要点

建立基本视图、投影视图和轴测图。

知识点:

- 理解主模型的概念。
- 掌握工程图的管理方法。
- 掌握建立基本视图、投影视图和轴测图的方法。

### 10.1.2 操作步骤

**1. 新建工程图**

选择【文件】|【新建】命令,出现【新建】对话框,切换到【图纸】选项卡,在【模板】列表框中选择【毛坯】模板,在【名称】文本框中输入"Base_view _dwg.prt",在【文件夹】文本框中输入"E:\NX6\10\Study",在【要创建图纸的部件】组中的【名称】文本框中输入"Base_view",如图 10.1 所示,单击【确定】按钮。

**2. 设置图纸格式**

出现【工作表】对话框,在【大小】组中,选中【标准尺寸】单选按钮,在【大小】下拉列表框中选择"A3-297×420"选项,【单位】设置为"毫米",选择【第一象限投影】,如图 10.2 所示,单击【确定】按钮。

**3. 添加基本视图**

单击【图纸】工具条上的【基本视图】按钮,出现【基本视图】对话框,从 Mode View to Use 下拉列表框中选择 RIGHT 选项,在图纸区域左上角指定一点,添加"主视图",如图 10.3 所示,单击鼠标中键。

# 第 10 章 工程图的构建

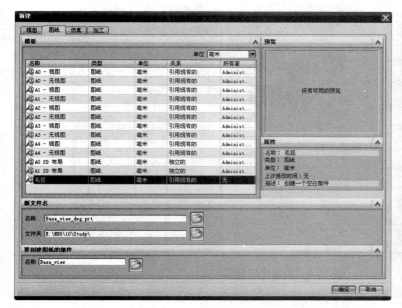

图 10.1 【新建】对话框

图 10.2 【工作表】对话框

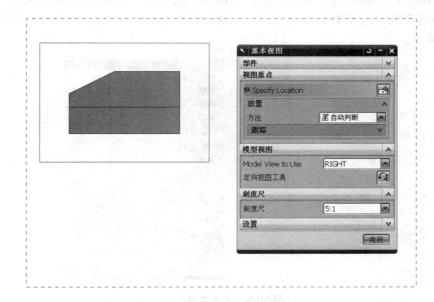

图 10.3 添加"主视图"

4. 添加投影视图

单击【图纸】工具条上的【投影视图】按钮 ，向右拖动鼠标，指定一点，添加"右视图"，向下垂直拖动鼠标，指定一点，添加俯视图，如图 10.4 所示。按 Esc 键完成基本视图的添加。

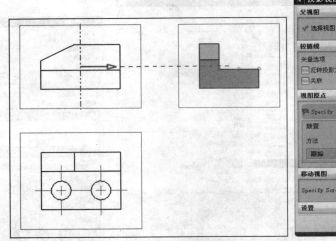

图 10.4　添加投影视图

5．添加轴测视图

单击【图纸】工具条上的【基本视图】按钮，出现【基本视图】对话框，在 Mode View to Use 下拉列表框中选择 TFR-ISO 选项，在图纸区域右下角指定一点，添加"轴测视图"，如图 10.5 所示。

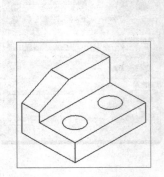

图 10.5　添加轴测视图

### 10.1.3　步骤点评

对于步骤 3：对 GB 标准的图，建议选择右视图作为主视图。

### 10.1.4　知识总结——主模型的概念(Master Model Concept)

主模型(Master Model)是指可以提供给 UG 各个功能模块引用的部件模型，是计算机并行设计概念在 UG 中的一种体现。一个主模型可以同时被装配、工程图、加工、机构分析等应用模块引用。当主模型改变时，相关的应用会自动更新。

主模型的概念如图 10.6 所示。下游用户使用主模型是通过"引用"而不是复制。下游用户对主模型只有读的权限，同时可以将意见与建议反馈给主模型的建立者。

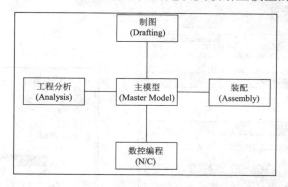

图 10.6　主模型的概念

按照产品的生命周期管理原理，产品的结构应随市场的变化和用户要求不断做出相应的改进。产品的工程更改将给下游相关的环节(如装配、工程分析、制图和数控加工)带来一系列相应的更改。主模型概念的引入，解决了工程更改的同步性和一致性。

利用 UG NX 的实体建模模块创建的零件和装配体主模型，可以引用到 NX 的工程图模块中，通过投影快速地生成二维工程图。由于 UG NX 的工程图功能是基于创建的三维实体模型的投影所得到的，因此工程图与三维实体模型是完全相关的，实体模型进行的任何编辑操作，都会在二维工程图中引起相应的变化。这是基于主模型的三维造型系统的重要特征，也是区别于纯二维参数化工程图的重要特点。

### 10.1.5　知识总结——工程图的管理

NX 专门提供了一组用于图纸管理的命令，包括新建图纸、打开图纸、删除图纸和编辑当前图纸等。

**1. 新建图纸页**

选择【插入】|【图纸页】命令，出现【工作表】对话框，如图 10.7 所示。在该对话框中，可以设置图纸页面名称、图纸尺寸(规格和高度、长度)、比例、单位和投影角度等参数，完成设置后单击【确定】按钮。这时在绘图区中会显示新设置的工程图，工程图名称显示在绘图区的左下角。

**2. 打开图纸页**

要打开已存在的图纸，使其成为当前图纸，以便对其进行编辑，可按如下方法操作。

- 在【部件导航器】中双击欲打开的图纸名称。
- 在【部件导航器】中右击欲打开的图纸名称，在弹出的快捷菜单中选择【打开】命令，如图 10.8 所示。

**注意**：当新打开一个图纸时，原先打开的图纸将自动关闭。

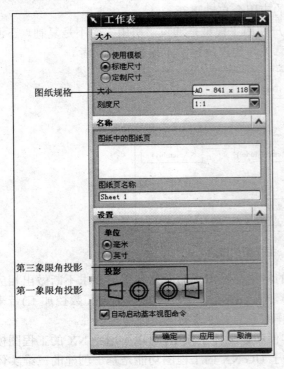

图 10.7 【工作表】对话框

图 10.8 工程图的管理操作

3. 删除图纸页

要删除不需要的图纸，可按如下方法操作。

- 在【部件导航器】中选择欲删除的图纸名称，按 Del 键。
- 在【部件导航器】中右击欲删除的图纸名称，在弹出的快捷菜单中选择【删除】命令，如图 10.8 所示。

4. 编辑图纸页

编辑图纸页，主要包括修改图纸页面名称、图纸尺寸(规格和高度、长度)、比例、单位等参数，不能编辑投影角度。编辑图纸页的方法有以下几种。

- 在【部件导航器】中右击欲编辑的图纸名称，在弹出的快捷菜单中选择【编辑图纸页】命令，出现【工作表】对话框，如图 10.7 所示，修改相应参数，再单击【确定】按钮。
- 在【部件导航器】中双击已打开的图纸名称，出现【工作表】对话框，修改相应参数，再单击【确定】按钮。
- 选择【编辑】|【图纸页】命令，出现【工作表】对话框，修改相应参数，再单击【确定】按钮。

## 10.2 创建局部放大视图

### 10.2.1 案例介绍及知识要点

在图纸中，对现有某个视图的局部进行放大的视图称为局部放大视图。本案例使用圆形边界创建局部放大视图。

*知识点：*

掌握创建局部放大视图的方法。

### 10.2.2 操作步骤

1. 打开文件

打开文件"\NX6\10\Study\Detail_View_dwg.prt"。

2. 定义局部放大视图

单击【图纸】工具条上的【局部放大视图】按钮，出现【局部放大视图】对话框，默认边界类型为圆，在左侧沟槽下端中心位置拾取圆心，拖动光标，拾取适当大小的半径。将比例自定义为5∶1，在左侧沟槽正下方放置局部放大视图，如图10.9所示，单击鼠标中键结束局部放大视图的操作。

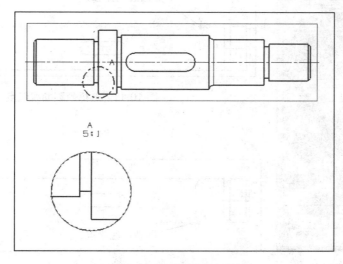

图 10.9　局部放大视图

## 10.3 创建断开视图

### 10.3.1 案例介绍及知识要点

对于细长的杆类零件或其他细长零件，若按比例显示全部内容会因比例太小而无法表达清楚,这时,可以采用断开视图,将中间完全相同的部分去掉。本案例就来创建断开视图,将一个细长杆截为三段。

知识点:

掌握创建断开视图的方法。

#### 10.3.2 操作步骤

**1. 打开文件**

打开文件"\NX6\10\Study\broken_view_dwg.prt"。

**2. 创建断开视图**

单击【图纸】工具条上的【断开视图】按钮,出现【断开视图】对话框,如图10.10所示,按照以下步骤完成断开剖切视图的操作。

(1) 选择视图,保证【启动捕捉点】按钮和【点在曲线上】按钮处于激活状态。

(2) 在【曲线类型】下拉列表框中选择【实心杆状断裂】。

(3) 选择断裂曲线起点:移动鼠标到如图10.11所示的位置,捕捉断裂曲线起点。

(4) 选择断裂曲线终点:移动鼠标捕捉断裂曲线终点,此时,【曲线类型】自动更改为【构造线】,如图10.12所示。

图 10.10 【断开视图】对话框

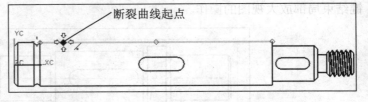

图 10.11 选择断裂曲线起点

图 10.12 选择断裂曲线终点

(5) 封闭一侧曲线,单击【应用】按钮,如图10.13所示。

图 10.13　封闭断裂曲线

(6) 重复步骤(1)～(5)，封闭第二个断裂区域和第三个断裂区域，如图 10.14 所示。

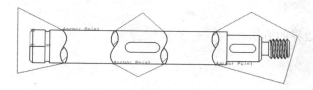

图 10.14　封闭断裂区域

(7) 单击【定位断开区域】按钮，在【距离】文本框中输入"3"，选中【预览及定位】按钮，出现断开视图预览，如图 10.15 所示。

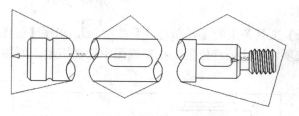

图 10.15　断开视图预览

(8) 预览视图符合要求，单击【取消】按钮，创建断开视图，如图 10.16 所示。

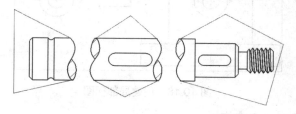

图 10.16　断开视图

## 10.4　定义视图边界——创建局部视图

### 10.4.1　案例介绍及知识要点

通过编辑视图边界，创建左、右视图中的局部视图，如图 10.17 所示。

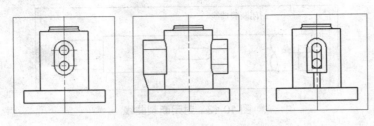

图 10.17 编辑视图边界

知识点：

掌握创建视图边界的方法。

**10.4.2 操作步骤**

1. 打开文件

打开文件"\NX6\10\Study\View_Boundary_dwg.prt"。

2. 创建左视图中的局部视图

(1) 选中左视图。

(2) 单击【图纸】工具条上的【视图边界】按钮 ，出现【视图边界】对话框，选择【手工生成矩形】选项，默认锚点位置，在左视图中绘制矩形，如图 10.18 所示，创建局部视图。

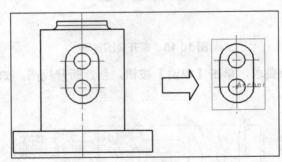

图 10.18 创建局部视图

3. 创建右视图中的局部视图

(1) 右击右视图，在弹出的快捷菜单中选择【活动草图视图】命令。

(2) 单击【草图工具】工具条上的【艺术样条】按钮 ，出现【艺术样条】对话框，单击【通过点】按钮，设置【阶次】为"3"，选中【封闭】复选框，在右视图中绘制封闭曲线，如图 10.19 所示。

(3) 选中右视图，单击【图纸】工具条上的【视图边界】按钮 ，出现【视图边界】对话框，选择【截断线/局部放大图】选项，默认锚点位置，选中封闭曲线，单击【确定】按钮，如图 10.20 所示，创建局部视图。

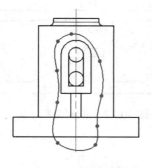
图 10.19　绘制封闭曲线

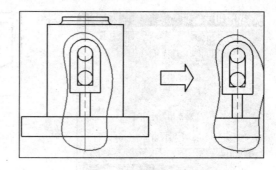
图 10.20　创建局部视图

## 10.5　视图相关编辑

### 10.5.1　案例介绍及知识要点

使用视图相关编辑可以：
- 在选定的成员视图中编辑对象的显示，而不影响这些对象在其他视图中的显示。
- 在图纸页上直接编辑存在的对象(如曲线)。
- 擦除或编辑完全对象或选定的对象部分。

知识点：

掌握视图相关编辑的方法。

### 10.5.2　操作步骤

1．打开文件

打开文件"\NX6\10\Study\View_Dependent_Edit_dwg.prt"。

2．添加编辑

(1) 选择俯视图(ORTHO@3)的边框并右击，从弹出的快捷菜单选择【视图相关编辑】命令，出现【视图相关编辑】对话框，如图 10.21 所示。

(2) 单击【添加编辑】组中的【擦除对象】按钮，出现【类选择】对话框，选择代表孔的虚线，单击鼠标中键，选择虚线消失，如图 10.22 所示。

3．删除编辑

单击【删除编辑】组中的【删除选择的擦除】按钮，出现【类选择】对话框，选择代表孔的虚线，单击鼠标中键，选择虚线显示，如图 10.23 所示。

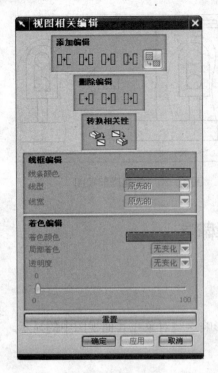

图 10.21 【视图相关编辑】对话框

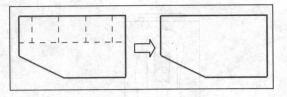

图 10.22 添加编辑

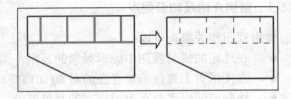

图 10.23 删除编辑

### 10.5.3 知识总结——视图相关编辑

系统提供了 3 种编辑操作的方式。

1. 添加编辑

- 【擦除对象】：可从选定的成员视图或图纸上擦除整个几何体对象(诸如曲线、边缘和样条等)。如果只希望擦除对象的一部分，则可以使用编辑对象段选项。使用该选项擦除的对象不被删除，它们只是在选定视图或图纸中"变得不可见"。可通过使用删除选择的擦除选项或删除所有修改选项重新显示擦除的对象。
- 【编辑完全对象】：该选项用于在选定视图或图纸中编辑完全对象(如曲线、边缘、样条等)的颜色、线型和宽度。要编辑对象的一部分，可使用编辑对象段选项。
- 【编辑着色对象】：该选项用于在图纸成员视图的多个面上提供局部着色。

2. 删除编辑

- 【删除选择的擦除】：该选项允许删除在以前可能使用擦除对象选项应用于对象的擦除。擦除可从单个成员视图中的对象中删除，也可以从图纸页上的对象中删除。
- 【删除选择的修改】：该选项用于删除针对图纸中或者图纸成员视图中的对象进行的选定视图相关编辑。
- 【删除所有修改】：该选项用于删除以前在图纸中或者图纸成员视图中进行的

所有视图相关编辑。

3. 转换相关性

- 【模型转换到视图】：该选项用于将模型中存在的某些对象(模型相关)转换为单个成员视图中存在的对象(视图相关)。
- 【视图转换到模型】：该选项允许将单个成员视图中存在的某些对象(视图相关对象)转换为模型对象。

## 10.6　创建全剖视图

### 10.6.1　案例介绍及知识要点

利用一个剖切面剖开模型建立剖视图，可以清楚表达视图的内部结构。本实例创建全剖视图和轴测全剖视图。

知识点：

掌握创建全剖视图的方法。

### 10.6.2　操作步骤

1. 打开文件

打开文件"\NX6\10\Study\Section_View_dwg.prt"。

2. 建立全剖视图

(1) 单击【图纸】工具条上的【剖视图】按钮，选择要剖视的视图 ORTHO@2，出现【剖视图】工具条，如图 10.24 所示。

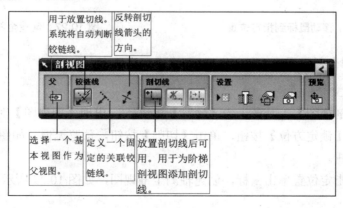

图 10.24　【剖视图】工具条

(2) 定义剖切位置，将鼠标移动到视图中，捕捉轮廓线圆心点，如图 10.25 所示。

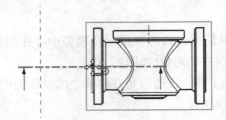

图 10.25　捕捉轮廓线圆心点

(3) 确定剖视图的中心，将鼠标移动到指定位置并右击，选择【锁定对齐】命令，锁定方向，如图 10.26 所示。

说明：单击【反向】按钮 ，可以调整方向。

(4) 在适当位置单击鼠标，创建全剖视图，如图 10.27 所示。

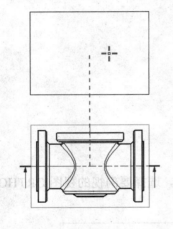

图 10.26　移动鼠标到指定位置

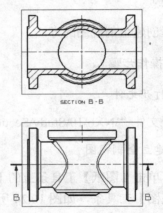

图 10.27　创建全剖视图

3．创建轴测全剖视图

(1)～(3)同建立全剖视图。

(4) 单击【剖视图】工具条上的【预览】按钮 ，出现【剖视图】对话框，选择【着色】选项，单击【锁定方位】按钮，单击【切削】按钮，预览无误，如图 10.28 所示，再单击【确定】按钮。

(5) 移动到指定位置单击鼠标，创建轴测全剖视图，如图 10.29 所示。

# 第 10 章 工程图的构建

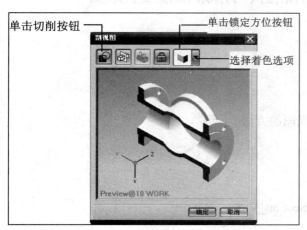
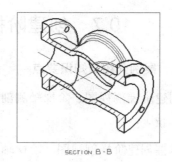
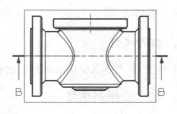

图 10.28 【剖视图】对话框　　　　　　图 10.29 创建轴测全剖视图

### 10.6.3 知识总结——创建剖视图

在工程实践中，常常需要创建各类剖视图，NX 提供了 4 种创建剖视图的方法，其中包括全剖视图、半剖视图、旋转剖视图和其他剖视图。在创建剖视图时经常出现的符号如图 10.30 所示。

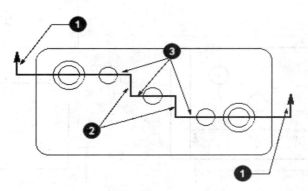

图 10.30 剖视图符号标记

- 箭头段：用于指示剖视图的投影方向。
- 折弯段：用在剖切线转折处，不指示剖切位置，只起过渡剖切线作用。
- 剖切段：用在剖切线上定义剖切面的部分。在阶梯剖和半剖中、折弯段分剖切段垂直并与箭头段平行。

## 10.7 创建阶梯剖视图、阶梯轴测剖视图

### 10.7.1 案例介绍及知识要点

创建阶梯剖视图、阶梯轴测剖视图。

知识点：

掌握创建阶梯剖视图、阶梯轴测剖视图的方法。

### 10.7.2 操作步骤

1. 打开文件

打开文件 "\NX6\10\Study\stepped_ Section_View _dwg.prt"。

2. 建立阶梯剖视图

(1) 单击【图纸】工具条上的【剖视图】按钮，选择要剖视的视图 Top@1，出现【剖视图】工具条，如图 10.24 所示。

(2) 定义剖切位置，将鼠标移动到视图，捕捉轮廓线圆心点，如图 10.31 所示。

(3) 确定剖视图的中心，将鼠标移动到指定位置右击，选择【锁定对齐】命令，锁定方向，单击【反向】按钮，调整方向，如图 10.32 所示。

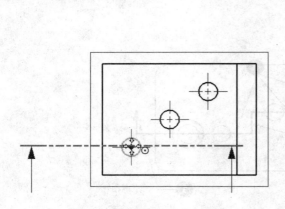 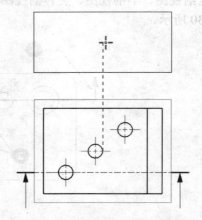

图 10.31 捕捉轮廓线圆心点　　　　图 10.32 移动鼠标到指定位置

(4) 添加剖切段。单击【剖视图】工具条上的【添加段】按钮，在视图上确定各剖切段，如图 10.33 所示。

说明：单击【反向】按钮，调整方向。

(5) 单击鼠标中键，结束添加线段，移动鼠标到指定位置单击，创建阶梯剖视图，如图 10.34 所示。

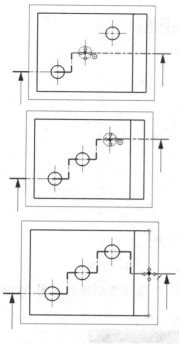

图 10.33 捕捉轮廓线中点

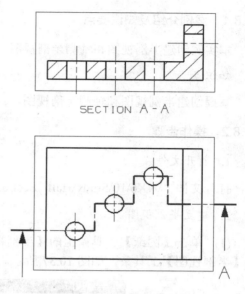

图 10.34 创建全剖视图

3. 创建轴测阶梯剖视图

(1)~(4)同建立阶梯剖视图。

(5) 单击【剖视图】工具条上的【预览】按钮,出现【剖视图】对话框,选择【着色】选项,单击【锁定方位】按钮,单击【切削】按钮,预览无误,如图 10.35 所示,单击【确定】按钮。

(6) 将鼠标移动到指定位置单击,创建轴测阶梯剖视图,如图 10.36 所示。

图 10.35 【剖视图】对话框

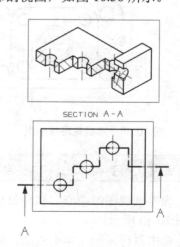

图 10.36 创建轴测阶梯剖视图

## 10.8 创建半剖视图

### 10.8.1 案例介绍及知识要点

本实例创建半剖视图和轴测半剖视图。

知识点：

掌握创建半剖视图和轴测半剖视图。

### 10.8.2 操作步骤

1. 打开文件

打开文件"\NX6\10\Study\Half_ Section_View _dwg.prt"。

2. 建立半剖视图

(1) 单击【图纸】工具条上的【半剖视图】按钮 ，选择要剖视的视图 TOP@1，出现【半剖视图】工具条，如图 10.37 所示。

图 10.37 【半剖视图】工具条

(2) 定义剖切位置。移动鼠标到视图，捕捉轮廓线中点，如图 10.38 所示。
(3) 定义折弯线位置。移动鼠标到视图，捕捉半剖位置轮廓线中点，如图 10.39 所示。

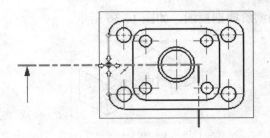
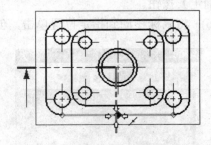

图 10.38 捕捉轮廓线中点　　　　图 10.39 捕捉半剖位置轮廓线中点

说明：单击【反向】按钮 ，调整方向。

(4) 确定剖视图的中心。移动鼠标到指定位置右击，选择【锁定对齐】命令，锁定方向，如图 10.40 所示。
(5) 单击鼠标，创建半剖视图，如图 10.41 所示。

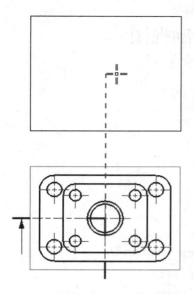
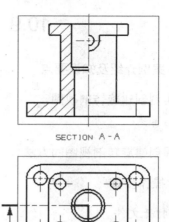

图 10.40　移动鼠标到指定位置　　　　　图 10.41　创建半剖视图

3. 创建轴测半剖视图

(1)～(3)同建立阶梯剖视图。

(4) 单击【剖视图】工具条上的【预览】按钮，出现【剖视图】对话框，选择【着色】选项，单击【锁定方位】按钮，再单击【切削】按钮，预览无误，如图 10.42 所示，单击【确定】按钮。

(5) 移动到指定位置，单击鼠标，创建轴测半剖视图，如图 10.43 所示。

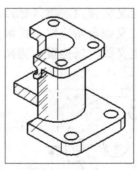

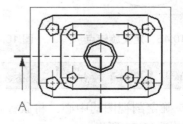

图 10.42　剖视图预览　　　　　　　　图 10.43　创建轴测半剖视图

## 10.9 创建旋转剖视图

### 10.9.1 案例介绍及知识要点

本实例创建旋转剖视图。

知识点：

掌握创建旋转剖视图的方法。

### 10.9.2 操作步骤

1. 打开文件

打开文件"\NX6\10\Study\Revolved_ Section_View _dwg.prt"。

2. 建立旋转剖视图

(1) 单击【图纸】工具条上的【旋转剖视图】按钮，选择要剖视的视图 TOP@1，出现【旋转剖视图】工具条，如图 10.44 所示。

图 10.44 【旋转剖视图】工具条

(2) 定义旋转点。将鼠标移动到视图中，捕捉中心孔圆心点，如图 10.45 所示。
(3) 定义线段新位置。将鼠标移动到视图中，捕捉小孔圆心点，如图 10.46 所示。
(4) 定义线段新位置。将鼠标移动到视图中，捕捉轮廓线中点，如图 10.47 所示。

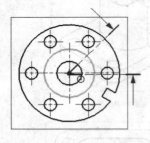
图 10.45 定义旋转点

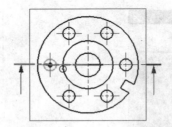
图 10.46 定义线段新位置(1)

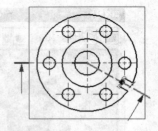
图 10.47 定义线段新位置(2)

说明：单击【反向】按钮，调整方向。

(5) 确定剖视图的中心。将鼠标移动到指定位置右击，选择【锁定对齐】命令，锁定方向，如图 10.48 所示。

(6) 单击鼠标，创建旋转剖视图，如图 10.49 所示。

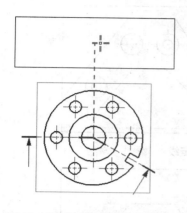

图 10.48 移动鼠标到指定位置

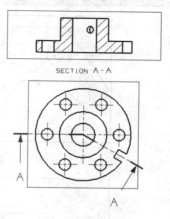

图 10.49 旋转剖视图

## 10.10 创建展开剖视图

### 10.10.1 案例介绍及知识要点

本实例创建展开剖视图。

知识点：

掌握创建展开剖视图的方法。

### 10.10.2 操作步骤

1. 打开文件

打开文件 "\NX6\10\Study\Unfolded_Point_to_Point_Section_View_dwg.prt"。

2. 建立展开剖视图

(1) 单击【图纸】工具条上的【展开的点到点剖视图】按钮，选择要剖视的视图 TOP@1，出现【展开的点到点剖视图】工具条，如图 10.50 所示。

图 10.50 【展开的点到点剖视图】工具条

(2) 定义铰链线。选择一水平边线，如图 10.51 所示。
(3) 定义连接点。将鼠标移动到视图，捕捉轮廓线圆心点，如图 10.52 所示。
(4) 放置视图。单击【放置视图】按钮，如图 10.53 所示。

说明：单击【反向】按钮，调整方向。

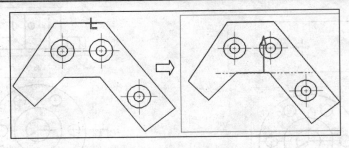

图 10.51　定义铰链线

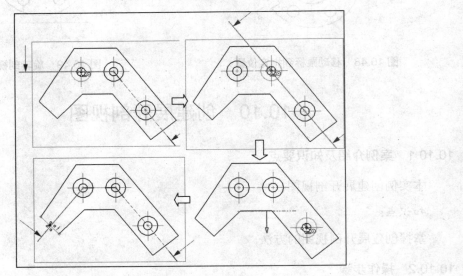

图 10.52　定义连接点

(5) 单击鼠标，创建展开剖视图，如图 10.54 所示。

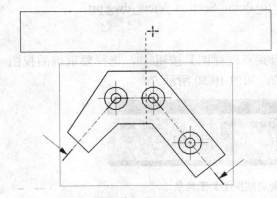

图 10.53　确定剖视图的中心

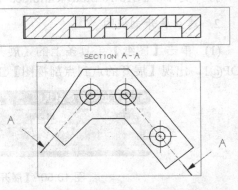

图 10.54　展开剖视图

## 10.11 创建局部剖视图

### 10.11.1 案例介绍及知识要点

本实例创建局部剖视图。

*知识点：*

掌握创建局部剖视图的方法。

### 10.11.2 操作步骤

1. 打开文件

打开文件 "\NX6\10\Study\Break-Out_View_dwg.prt"。

2. 建立展开剖视图

（1）右击主视图，在弹出的快捷菜单中选择【活动草图视图】命令。

（2）单击【草图工具】工具条上的【艺术样条】按钮，出现【艺术样条】对话框，单击【通过点】按钮，设置【阶次】为 3，选中【封闭】复选框，在右视图中绘制封闭曲线，如图 10.55 所示。

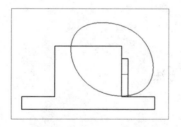

图 10.55 绘制封闭曲线

（3）选中主视图，单击【图纸】工具条上的【局部剖】按钮，出现【局部剖】对话框，定义基点，如图 10.56 所示。

（4）定义拉伸矢量，如图 10.57 所示。

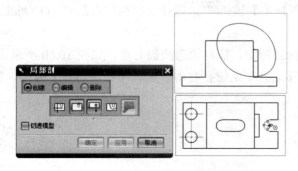

图 10.56 定义基点

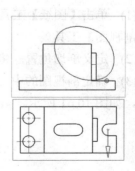

图 10.57 定义矢量

说明：单击【矢量反向】按钮，调整方向。

(5) 选择截断线，如图 10.58 所示。

(6) 单击【应用】按钮，如图 10.59 所示，创建局部剖视图。

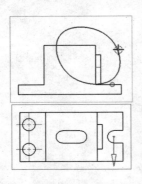

图 10.58  选择截断线

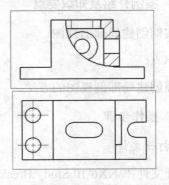

图 10.59  局部剖视图

## 10.12  装配图剖视

### 10.12.1  案例介绍及知识要点

本实例创建装配图剖视图。

知识点：

掌握创建装配图剖视图的方法。

### 10.12.2  操作步骤

**1. 打开文件**

打开文件 "\NX6\10\Study\assm_family_valve_dwg.prt"。

**2. 建立全剖视图**

(1) 单击【图纸】工具条上的【剖视图】按钮，选择要剖视的视图 ORTHO@2，出现【剖视图】工具条。

(2) 定义剖切位置。将鼠标移动到视图中，捕捉轮廓线圆心点，如图 10.60 所示。

(3) 确定剖视图的中心。将鼠标移动到指定位置右击，选择【锁定对齐】命令，锁定方向，如图 10.61 所示。

## 第 10 章 工程图的构建

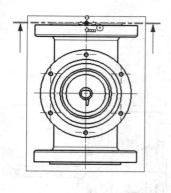

图 10.60 捕捉轮廓线圆心点

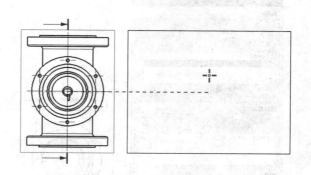

图 10.61 移动鼠标到指定位置

说明：单击【反向】按钮，调整方向。

(4) 单击鼠标，创建全剖视图，如图 10.62 所示。

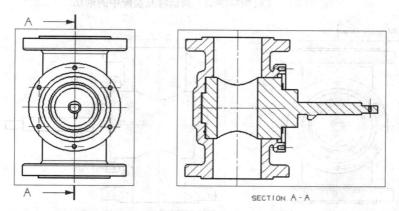

图 10.62 创建全剖视图

3. 编辑非剖切零件

选择【编辑】|【视图】|【视图中的截面】命令，出现【视图中剖切】对话框，在【视图列表】中选中"SX@4"，激活【选择对象】，选择"FAMILY_VALVE_BODY"，选中【变成非剖切】单选按钮，如图 10.63 所示，单击【确定】按钮。

4. 更新视图

选中"SX@4"并右击，选择【更新】命令，则 FAMILY_VALVE_BODY 更新为非剖切状态，如图 10.64 所示。

5. 编辑剖面线

(1) 将鼠标移至要剖切的视图"SX@4"，双击剖面线，出现【剖面线】对话框，如图 10.65 所示。

(2) 在【设置】组中的【距离】文本框中输入"5"，单击【确定】按钮，如图 10.66 所示。

 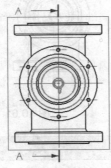 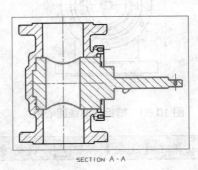

图 10.63 【视图中剖切】对话框及装配中的剖切

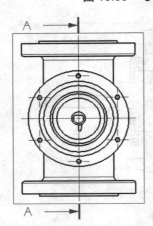 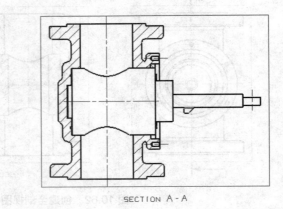

图 10.64 FAMILY_VALVE_BODY 的非剖切状态

 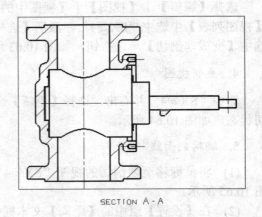

图 10.65 【剖面线】对话框　　　　图 10.66 更新后的视图

## 10.13 创建中心线

### 10.13.1 案例介绍及知识要点

创建如图 10.67 所示的各种类型的中心线。

知识点：

掌握创建各种类型的中心线的方法。

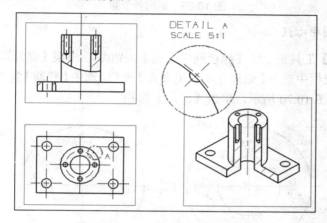

图 10.67 各种类型的中心线

### 10.13.2 操作步骤

1. 打开文件

打开文件"\NX6\10\Study\Utitly-Symbol_CenterLine_dwg.prt"。

2. 创建中心标记

(1) 单击【中心线】工具条上的【中心标记】按钮 ⊕，出现【中心标记】对话框，在"TOP@1"视图上选择圆，如图 10.68 所示，单击【应用】按钮。

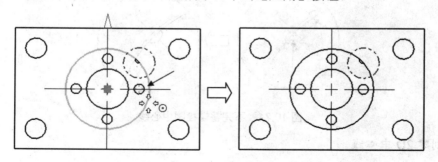

图 10.68 标记中心圆

(2) 选中【多个中心标记】复选框，选择四周的 4 个圆，单击【应用】按钮，如图 10.69

所示。

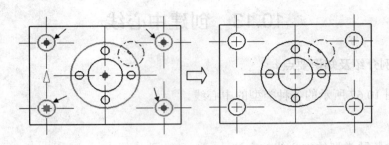

图 10.69  标记多个圆

**3. 创建螺栓圆中心线**

单击【中心线】工具条上的【螺栓圆中心线】按钮，出现【螺栓圆中心线】对话框，在【类型】下拉列表框中选择【通过 3 个或更多点】选项，选中【整圆】复选框，在"TOP@1"视图上选择圆，如图 10.70 所示，单击【应用】按钮。

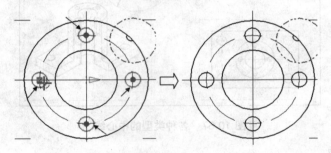

图 10.70  螺栓圆中心线

**4. 创建不完整螺栓圆**

单击【中心线】工具条上的【螺栓圆中心线】按钮，出现【螺栓圆中心线】对话框，在【类型】下拉列表框中选择【中心点】选项，取消选中【整圆】复选框，在"局部放大图"上选择圆，如图 10.71 所示，单击【应用】按钮。

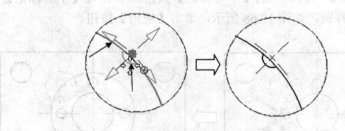

图 10.71  不完整螺栓圆中心线

**5. 创建 2D 中心线**

单击【中心线】工具条上的【2D 中心线】按钮，出现【2D 中心线】对话框，在【类型】下拉列表框中选择【从曲线】选项，在"ORTHO@2"视图上选择两条边线，如图 10.72

所示，单击【应用】按钮。

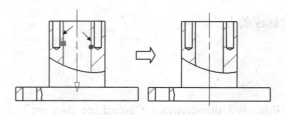

图 10.72　创建 2D 中心线

6. 创建 3D 中心线

单击【中心线】工具条上的【3D 中心线】按钮，出现【3D 中心线】对话框，在【类型】下拉列表框中选择【从曲线】选项，在"ORTHO@2"视图上选择两条边线，如图 10.73 所示，单击【应用】按钮。

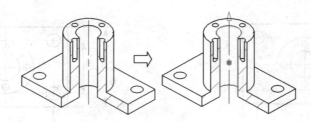

图 10.73　创建 3D 中心线

## 10.14　创建尺寸标注

### 10.14.1　案例介绍及知识要点

创建如图 10.74 所示的各种类型的尺寸标注。

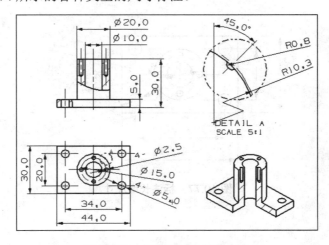

图 10.74　各种类型的尺寸标注

知识点：

掌握创建各种尺寸标注的方法。

### 10.14.2 操作步骤

**1. 打开文件**

打开文件"\NX6\10\Study\Utitly-Symbol_CenterLine_dwg.prt"。

**2. 使用自动判断的尺寸标注水平和竖直尺寸**

(1) 单击【尺寸】工具条上的【自动判断】按钮，选择下边两个孔的中心线，标注水平距离尺寸，选择左、右边缘下端，标注长度尺寸，如图10.75所示。

(2) 单击【尺寸】工具条上的【自动判断】按钮，选择左边两个孔的中心线符号，标注竖直距离尺寸，选择上、下边缘左端，标注宽度尺寸，如图10.76所示。

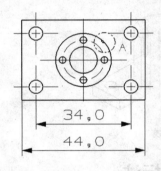 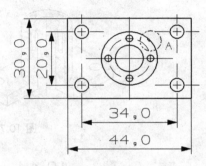

图 10.75 标注长度尺寸　　　　　图 10.76 标注宽度尺寸

**3. 使用直径尺寸标注 8 个孔的直径**

单击【尺寸】工具条上的【直径】按钮，选择底孔和螺栓孔标注孔直径，如图10.77所示。

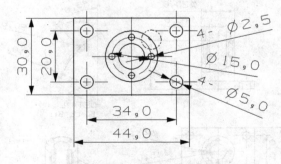

图 10.77 标注长度尺寸

4. 使用竖直基准线标注高度尺寸

单击【尺寸】工具条上的【竖直基线】按钮，从下到上依次选择水平边缘左端，标注竖直基准线，如图 10.78 所示。

5. 使用圆柱形标注圆柱直径尺寸

单击【尺寸】工具条上的【圆柱形】按钮，依次选择圆柱内径、外径直线的上端，如图 10.79 所示。

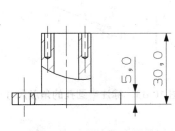

图 10.78　标注高度尺寸

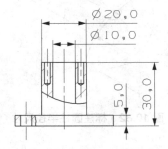

图 10.79　标注圆柱直径尺寸

6. 使用带折线的半径标注半圆孔的半径位置

(1) 单击【注释】工具条上的【偏置中心点符号】按钮，出现【偏置中心点符号】对话框，选择"圆弧"，在【距离】下拉列表框中选择【从圆弧算起的水平距离】选项，在【距离】文本框中输入"5"，单击【确定】按钮，建立偏置中心点，如图 10.80 所示。

(2) 单击【尺寸】工具条上的【折叠半径】按钮，选择圆弧和偏置中心点，再选择折线的位置和文本放置位置，如图 10.81 所示。

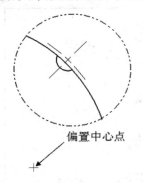

图 10.80　建立偏置中心点

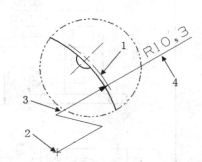

图 10.81　标注圆柱直径尺寸

7. 使用通过圆心的半径标注半圆孔的半径尺寸

单击【尺寸】工具条上的【过圆心的半径】按钮，选择半圆孔的圆弧边缘，放置半径尺寸文本，如图 10.82 所示。

8. 使用角度标注半圆孔的角度尺寸

单击【尺寸】工具条上的【成角度】按钮 △，选择半圆孔的不完整螺栓圆符号中心线上端和圆弧的偏置中心线符号上端，放置角度尺寸文本，如图 10.83 所示。

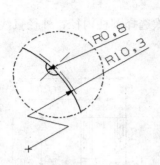

图 10.82　标注圆柱半径尺寸

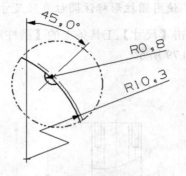

图 10.83　标注半圆孔的角度尺寸

## 10.15　创建文本注释

### 10.15.1　案例介绍及知识要点

创建如图 10.84 所示的各种类型的文本注释标注。

知识点：

掌握创建各种类型的文本注释标注的方法。

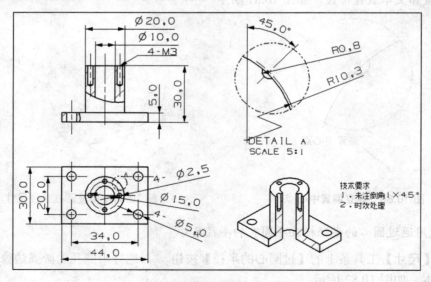

图 10.84　各种类型的文本注释标注

## 10.15.2 操作步骤

**1. 打开文件**

打开文件"\NX6\10\Study\Utitly-Symbol_CenterLine_dwg.prt"。

**2. 引线标注一个文本注释**

单击【注释】工具条上的【注释】按钮，出现【注释】对话框，激活 Select Terminating Object，确定引线箭头位置，在文本输入窗口中输入文本"4-M3"，确定文本注释位置，单击【关闭】按钮，如图 10.85 所示。

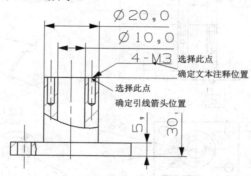

图 10.85　引线标注文本注释

**3. 创建不带引线的文本注释**

单击【注释】工具条上的【注释】按钮，出现【注释】对话框，在文本输入窗口中输入文本"技术要求"，展开【设置】组，单击【样式】按钮，出现【样式】对话框，选择【字体】为"Chinesef"，单击【确定】按钮，返回【注释】对话框，确定文本注释位置，单击【关闭】按钮，如图 10.86 所示。

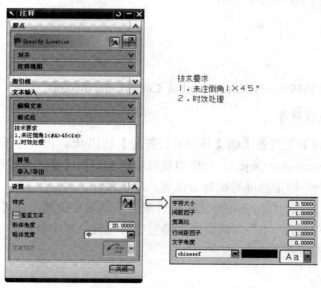

图 10.86　创建不带引线的文本注释

## 10.16 创建形位公差标注

### 10.16.1 案例介绍及知识要点

创建如图 10.87 所示的各种类型的形位公差标注。

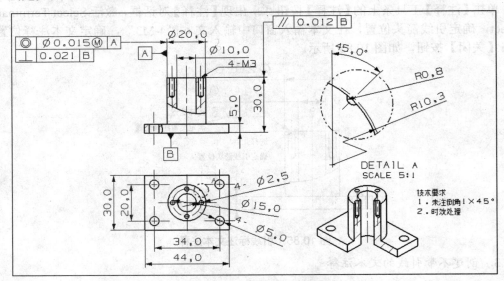

图 10.87 各种类型的形位公差标注

知识点：

掌握创建各种类型的形位公差标注。

### 10.16.2 操作步骤

1. 打开文件

打开文件"\NX6\10\Study\Utitly-Symbol_CenterLine_dwg.prt"。

2. 创建基准特征符号

(1) 单击【注释】工具条上的【基准特征符号】按钮，出现【基准特征符号】对话框，激活 Select Terminating Object，确定引线箭头位置，在【基准标识符】组中的【字母】文本框中输入"A"，确定基准特征符号位置，单击鼠标。

(2) 再次激活 Select Terminating Object，确定引线箭头位置，在【基准标识符】组中的【字母】文本框中输入"B"，确定基准特征符号位置，单击鼠标，如图 10.88 所示。

# 第10章 工程图的构建

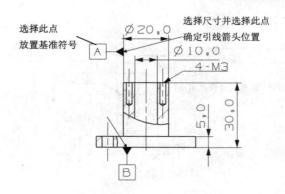

图10.88 创建基准特征符号

**3. 创建一个单行形位公差符号**

单击【注释】工具条上的【特征控制框】按钮，出现【特征控制框】对话框，在【指引线】组中的【类型】下拉列表框中选择【↘普通】选项，在【帧】组中的【特性】下拉列表框中选择【∥平行度】选项，在【框样式】下拉列表框中选择【田单框】选项，在【公差】组中输入文本"0.012"，在【主基准参考】下拉列表框中选择 B 选项，激活 Select Terminating Object，确定引线箭头位置，确定形位公差位置，单击【关闭】按钮，如图 10.89 所示。

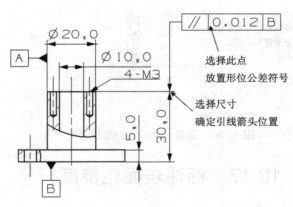

图10.89 创建一个单行形位公差符号

**4. 创建一个组合的形位公差符号**

(1) 单击【注释】工具条上的【特征控制框】按钮，出现【特征控制框】对话框，在【指引线】组中的【类型】下拉列表框中选择【↘普通】选项，在【帧】组中的【特性】下拉列表框中选择【◎同轴度】选项，在【框样式】下拉列表框中选择【田单框】选项，在【公差】组中选择 ⌀，输入文本"0.015"，选择 Ⓜ，在【主基准参考】下拉列表框中选择 A 选项，激活 Select Terminating Object，确定引线箭头位置，确定形位公差位置，如图 10.90 所示。

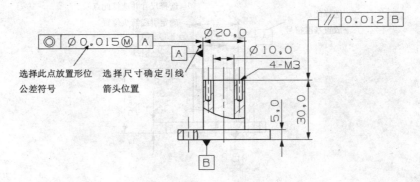

图 10.90　创建一个组合的形位公差符号

(2) 在【帧】组中的【特性】下拉列表框中选择【⊥垂直度】选项，在【框样式】下拉列表框中选择【单框】选项，在【公差】组中输入文本"0.021"，在【主基准参考】下拉列表框中选择 B 选项，确定形位公差位置，如图 10.91 所示。

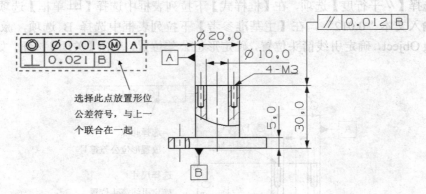

图 10.91　创建一个组合的形位公差符号

## 10.17　标注表面粗糙度符号

### 10.17.1　案例介绍及知识要点

创建如图 10.92 所示的各种类型的表面粗糙度符号。

知识点：

掌握创建各种类型的表面粗糙度符号的方法。

第 10 章 工程图的构建

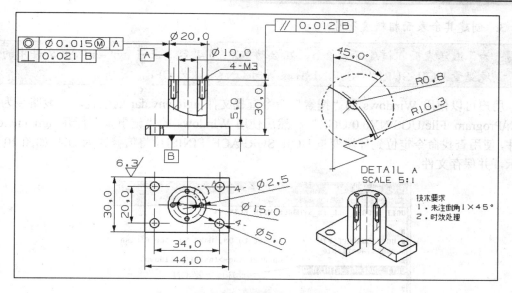

图 10.92 各种类型的表面粗糙度符号

### 10.17.2 操作步骤

1. 打开文件

打开文件"\NX6\10\Study\Utitly-Symbol_CenterLine_dwg.prt"。

2. 创建表面粗糙度符号

选择【插入】|【符号】|【表面粗糙度符号】命令，出现【表面粗糙度符号】对话框，单击【需要材料移除】按钮，在【Ra 单位】下拉列表框中选择【微米】选项，在【符号文本大小(毫米)】下拉列表框中选择"3.5"，在 a2 文本框中输入公差最大值 6.3。单击【在尺寸上创建】按钮，选择宽度尺寸上边，在其上面适当位置拾取一点，定位粗糙度符号，如图 10.93 所示。

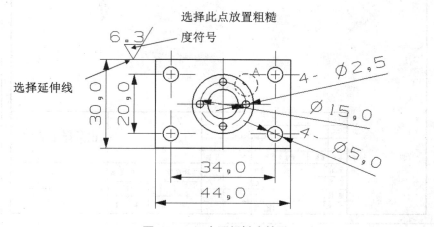

图 10.93 表面粗糙度符号

### 3. 创建其余表面粗糙度符号

**说明**：为了激活表面粗糙度符号命令，在启动 NX 6.0 之前，应将 ugii_env.dat 文件中的环境变量 UGII_SURFACE_FINISH 设置为 ON (默认为 OFF)。

用户可以使用 Windows 的 "搜索" 命令查找文件 ugii_env.dat 的位置。一般路径为："C:\Program File\UGS\NX6.0\UGII"。然后使用 Windows 的 "记事本" 打开 ugii_env.dat 文件，使用查找命令定位到环境变量 UGII_SURFACE_FINISH，将值修改为 ON，如图 10.94 所示，并保存文件。

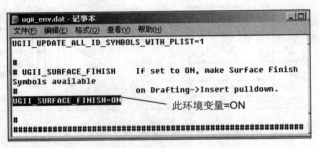

图 10.94 ugii_env.dat 文件

## 10.18 建 立 模 板

### 10.18.1 案例介绍及知识要点

建立如图 10.95 所示的 A3 工程图模板。

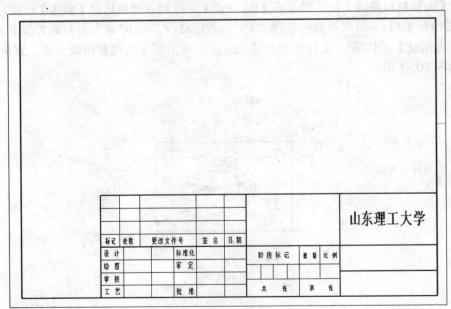

图 10.95 A3 工程图模板

## 第 10 章 工程图的构建

知识点:

掌握创建工程图模板的方法。

### 10.18.2 操作步骤

**1. 新建文件**

新建文件"\NX6\10\Study\A3_template.prt"。

**2. 启动【制图】模块**

单击【开始】按钮,选择【制图】选项,启动【制图】模块,出现【工作表】对话框,在【大小】组中选中【标准尺寸】单选按钮,从【大小】下拉列表框中选择 A3-297×420 选项,在【设置】组中选中【毫米】单选按钮,在【投影】选项中选中【第一象限角投影】,如图 10.96 所示,单击【确定】按钮。

**3. 设置栅格**

选择【首选项】|【栅格和工作平面】命令,出现【栅格和工作平面】对话框,在【栅格设置】组中取消选中【显示】复选框,如图 10.97 所示。

图 10.96 设置图纸页

图 10.97 设置栅格

**4. 设置颜色**

选择【首选项】|【可视化】命令,出现【可视化首选项】对话框,在【颜色设置】选项卡中选中【单色显示】复选框,单击【背景】颜色设置框,出现【颜色】对话框,设置 ID 为 1,如图 10.98 所示,单击【确定】按钮。

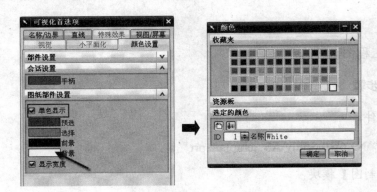

图 10.98　设置背景颜色

5. 绘制图框线

单击【曲线】工具条上的【矩形】按钮 ▭，定义矩形顶点 1(0,0,0)和矩形顶点 2(420,297,0)，绘制图纸边界线。定义矩形顶点 3(25,5,0)和矩形顶点 4(415,292,0)，定义图框线，如图 10.99 所示。

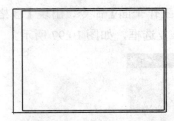

图 10.99　绘制图框线

6. 绘制标题栏

(1) 单击【曲线】工具条上的【直线】按钮 ✎，绘制国标 A3 标题栏(GB/T 10609.1－1989)，如图 10.100 所示。

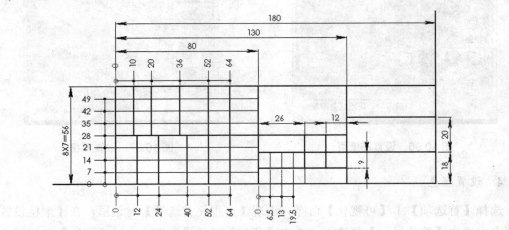

图 10.100　绘制标题栏

(2) 选中标题栏框内部线段并右击，选择【编辑显示】命令，出现【编辑对象显示】对话框，切换到【常规】选项卡，在【基本】组中的【宽度】下拉列表框中选择【细线宽度】，单击【确定】按钮，如图 10.101 所示。

7. 添加注释

(1) 选择【插入】|【注释】命令，在【设置】组中单击【样式】按钮，出现【样式】对话框，切换到【文字】选项卡，在【字符大小】文本框中输入 3.5，在【宽高比】文本框中输入 0.67，选择【文字样式】为 chinesef 选项，设置颜色为黑色，如图 10.102 所示设置。

图 10.101 【编辑对象显示】对话框设置

图 10.102 设置【注释】对话框

(2) 在标题栏上添加文本，如图 10.103 所示。

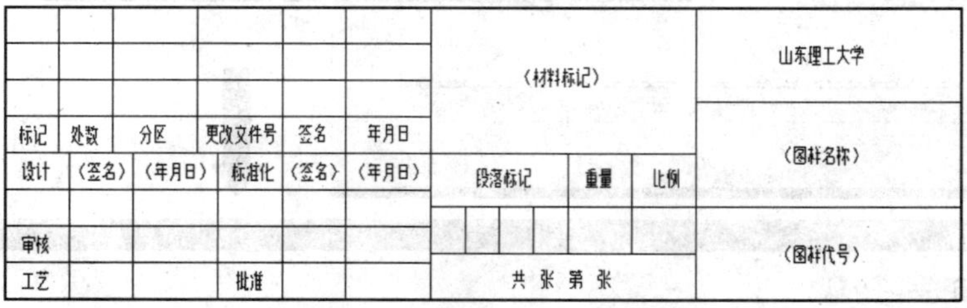

图 10.103 插入标题栏文本

8. 配置"国标 A3"图模板文件 A3_template.prt 并添加到资源板

(1) 将制作好的图模板文件 A3_template.prt 复制到目录 X:\Program Files\UGS\NX 6.0\UGII\html_files 下。

(2) 浏览目录 X:\Program Files\UGS\NX 5.0\UGII\html_files，使用"记事本"打开系统自带的"公制图模板文件"metric_drawing_templates.pax，因本例制作的图模板为国标 A3 格式，故修改相应 A3 模板文件名为已制作的"国标 A3"图模板文件名 A3_templates.prt，此时 A3 格式的图模板已指向制作好的"国标 A3"图模板 A3_temlates.prt，如图 10.104 所示。

283

```
<PaletteEntry id="d4">
    <References/>
    <Presentation name="A3 size, 2sheets">
        <PreviewImage type="UGPart" location="dwg_a3_format.prt"/>
    </Presentation>
    <ObjectData class="DrawingTemplate">
        <TemplateFileType>none</TemplateFileType>
        <Filename>A3_template.prt</Filename>
    </ObjectData>
</PaletteEntry>
```

图 10.104　修改 metric_drawing_templates.pax 文件

**说明：** "预览图格式文件名"可以不改，因为不影响模板使用，当创建其他格式图模板时，只需修改相应的模板名称即可。

9. 配置资源板

（1）选择【首选项】|【资源板】命令，出现【资源板】对话框，单击【打开资源板】按钮，出现【打开资源板】对话框，单击【浏览】按钮，搜索系统自带的公制图模板文件：metric_drawing_templates.pax 所在文件夹，选择 metric_drawing_templates.pax 文件，单击【确定】按钮，如图 10.105 所示。

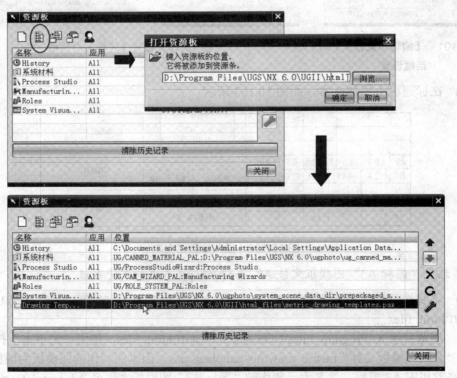

图 10.105　配置资源板

(2) 将公制图模板资源板添加到资源条中，如图 10.106 所示。

10. 调用"国标 A3"图模板文件，制作非主模型工程图文件

(1) 打开文件"路径 flange_array.prt"。

(2) 将 A3 格式的【非主模型图纸模板】拖曳到工作区，如图 10.107 所示。

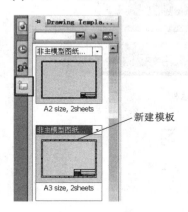

图 10.106  资源板

图 10.107  拖曳模板到工作区

(3) 系统自动新建指向模型 flange_array.prt 的非主模型图纸文件，并出现【基本视图】对话框，如图 10.108 所示。

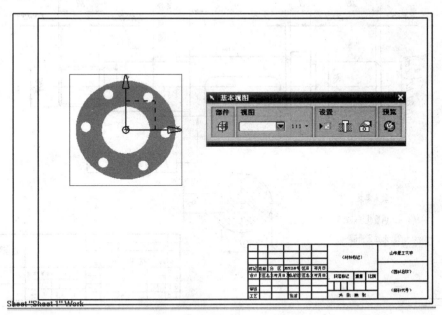

图 10.108  插入基本视图

(4) 完成工程图绘制，单击【保存】按钮，出现【命名部件】对话框，设置非主模型工程图的文件名及保存路径，如图 10.109 所示，完成调用"国标 A3"图模板文件。

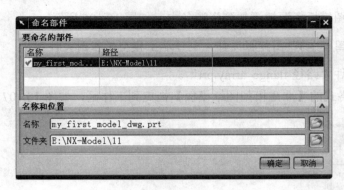

图 10.109　【命名部件】对话框

## 10.19　实战练习

### 10.19.1　建模分析

完成如图 10.110 所示的轴的工程图绘制。

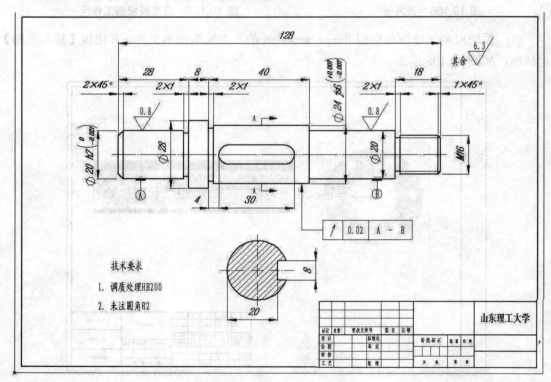

图 10.110　轴的工程图绘制

## 10.19.2 操作步骤

**1. 打开文件**

打开文件"\NX6\10\Study\AXLE.prt",如图 10.111 所示。

图 10.111 轴

**2. 运用模板**

单击【公制图模板资源板】按钮,将 A3 格式的【非主模型图纸模板】拖曳到工作区,如图 10.112 所示。

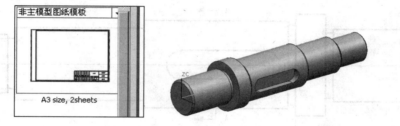

图 10.112 拖曳与落下图模板

**3. 创建【前视图】**

系统自动新建指向模型 AXLE.prt 的非主模型图纸文件,创建【前视图】,修改其比例为 2,如图 10.113 所示。

**4. 加载制图标准**

选择【工具】|【制图标准】命令,出现【加载制图标准】对话框,在【加载位置级别】下拉列表框中选择【用户】选项,在【标准】下拉列表框中选择 GB 制图标准,如图 10.114 所示。

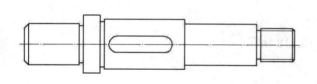

图 10.113 轴前视图

图 10.114 【加载制图标准】对话框

**5. 建立截面剖视**

(1) 选择【插入】|【视图】|【剖视图】命令，选择要剖视的视图 FRONT@2，移动鼠标到视图中的如图 10.115 所示的位置，捕捉轮廓线中点，创建全剖视图，如图 10.117 所示。

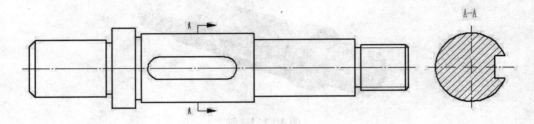

图 10.115　创建剖面视图

(2) 双击剖面视图 A-A，出现【视图样式】对话框，在【截面】选项卡中取消选中【背景】复选框，单击【确定】按钮，移动剖面视图 A-A 的位置，如图 10.116 所示。

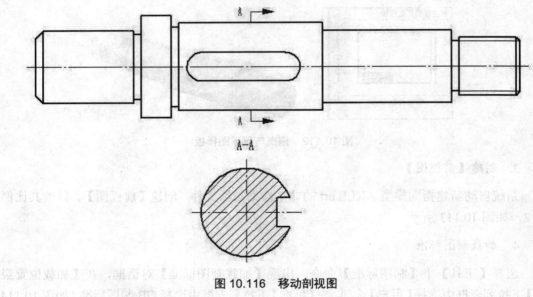

图 10.116　移动剖视图

**6. 标注尺寸**

标注如图 10.117 所示的尺寸。

**7. 添加基准符号与形位公差**

添加基准符号与形位公差，如图 10.118 所示。

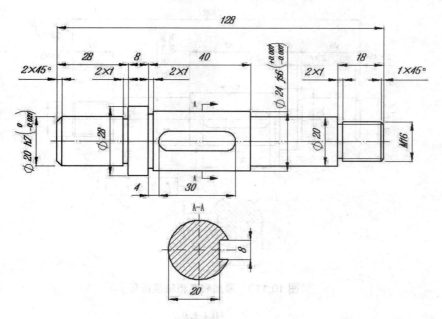

图 10.117　尺寸标注

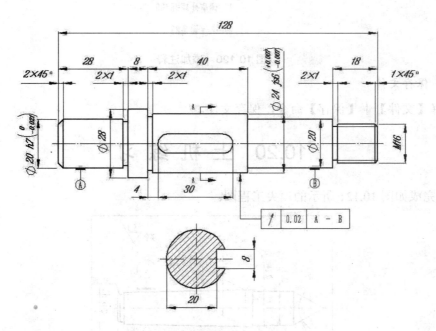

图 10.118　添加基准符号及形位公差

**8. 添加表面粗糙度符号**

添加表面粗糙度符号，如图 10.119 所示。

**9. 添加注释**

添加注释，如图 10.120 所示。

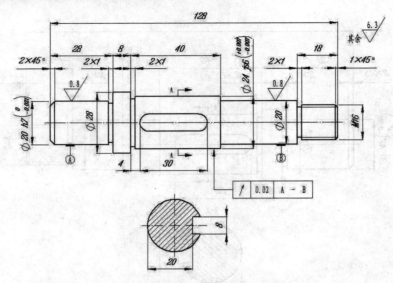

图 10.119　添加表面粗糙度符号

技术要求
1. 调质处理HB200
2. 未注圆角R2

图 10.120　添加注释

10. 保存文件

选择【文件】|【保存】命令，保存文件。

# 10.20　上机练习

1. 完成如图 10.121 所示的顶尖工程图。

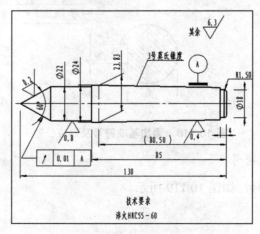

技术要求
淬火HRC55~60

图 10.121　练习图 1

2. 完成如图 10.122 所示的轴承盖工程图。

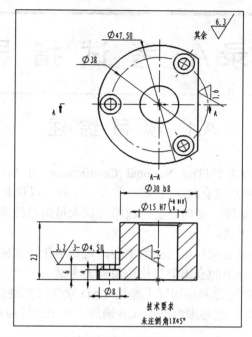

图 10.122 练习图 2

3. 完成如图 10.123 所示的轴工程图。

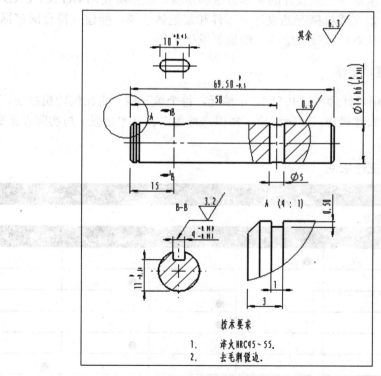

图 10.123 练习图 3

# 附录A 考试指导

## A.1 项目综述

全国信息化应用能力考试(The National Certification of Informatization Application Engineer，NCAE)是工业和信息化部人才交流中心主办的，以信息技术、工业设计在各行业、各岗位的广泛应用为基础，面向社会，检验应试人员信息技术应用知识与能力的全国应用知识与能力水平考试体系。

由于我国已成为世界制造业和加工业的中心，对数字化技术应用型人才提出了很高的要求，人才交流中心适时推出的全国信息化应用能力考试——"工业设计"项目，坚持以现有企业需求为依托，同时充分利用国际上通用CAD软件的先进性，以迅速缩短教育与就业之间的供需差距，加速培养能与国内制造业普遍应用需求相适应的高质量工程技术人员。

### A.1.1 岗位技能描述

该证书获得者要求掌握三维设计的基本方法和步骤，能熟练使用UG NX CAD进行机械产品设计，能高效地完成机械产品设计中零件和装配体建模，能建立符合国家标准和企业要求的工程图，可从事机械领域中的三维模型设计工作。

### A.1.2 考试内容与考试要求

UG NX CAD应用设计师考试共分10个单元，每个单元按一定比例随机抽题，考试内容覆盖：基本概念，软件操作，实际建模。知识点覆盖广、可考性强、与实际零距离接轨，是很完善的考试方式。

1. UG NX CAD设计基础

| 考试内容 | | | | |
|---|---|---|---|---|
| UG NX CAD设计基础 | | | | |
| 考试要求 | 了解 | 理解 | 掌握 | 熟练 |
| 用户界面 | ● | | | |
| 部件导航器 | | | ● | |
| 文件操作 | | ● | | |
| 鼠标与键盘的使用 | | ● | | |
| 视图的运用 | | | ● | |
| 三维建模流程 | | | | ● |

## 2. 基本实体的构建

| 考试内容 | | | | |
|---|---|---|---|---|
| 基本实体的构建 | | | | |
| 考试要求 | 了解 | 理解 | 掌握 | 熟练 |
| 点构造器 | | | | ● |
| 矢量构造器 | | | | ● |
| 工作坐标系 | | | | ● |
| 体素特征 | | | | ● |
| 布尔操作 | | | | ● |
| 层操作 | | | | ● |

## 3. 二维草图绘制

| 考试内容 | | | | |
|---|---|---|---|---|
| 二维草图绘制 | | | | |
| 考试要求 | 了解 | 理解 | 掌握 | 熟练 |
| 草图基本知识 | | ● | | |
| 配置文件工具 | | | | ● |
| 绘制基本几何图形 | | | | ● |
| 镜像曲线 | | | | ● |
| 转换为参考的/激活的 | | | | ● |
| 添加草图约束 | | | | ● |
| 尺寸约束 | | | | ● |

## 4. 扫掠特征的创建

| 考试内容 | | | | |
|---|---|---|---|---|
| 扫掠特征的创建 | | | | |
| 考试要求 | 了解 | 理解 | 掌握 | 熟练 |
| 定义扫描区域 | | | | ● |
| 拉伸操作 | | | | ● |
| 旋转操作 | | | | ● |
| 沿引导线扫掠 | | | | ● |
| 扫掠 | | | | ● |

## 5. 设计特征的创建

| 考试内容 | | | | |
|---|---|---|---|---|
| 设计特征的创建 | | | | |
| 考试要求 | 了解 | 理解 | 掌握 | 熟练 |
| 创建孔特征 | | | | ● |
| 选择放置面 | | | | ● |
| 定位圆形特征 | | | | ● |
| 凸台的创建 | | | | ● |
| 选择水平参考 | | | | ● |
| 定位非圆形特征 | | | | ● |
| 腔体的创建 | | | | ● |
| 凸垫的创建 | | | | ● |
| 键槽的创建 | | | | ● |
| 沟槽的创建 | | | | ● |

## 6. 基准特征的创建

| 考试内容 | | | | |
|---|---|---|---|---|
| 基准特征的创建 | | | | |
| 考试要求 | 了解 | 理解 | 掌握 | 熟练 |
| 创建基准面 | | | | ● |
| 创建基准轴 | | | | ● |

## 7. 细节特征的创建

| 考试内容 | | | | |
|---|---|---|---|---|
| 细节特征的创建 | | | | |
| 考试要求 | 了解 | 理解 | 掌握 | 熟练 |
| 恒定半径倒圆 | | | | ● |
| 可变半径倒圆 | | | | ● |
| 边缘倒角 | | | | ● |
| 拔模和抽壳 | | | | ● |
| 矩形阵列 | | | | ● |
| 圆形阵列 | | | | ● |
| 镜像 | | | | ● |

## 8. 表达式与部件族

| 考试内容 | | | | |
|---|---|---|---|---|
| 表达式与部件族 | | | | |
| 考试要求 | 了解 | 理解 | 掌握 | 熟练 |
| 创建和编辑表达式 | | | | ● |
| 创建抑制表达式 | | | | ● |
| 创建部件族 | | | ● | |

## 9. 装配建模

| 考试内容 | | | | |
|---|---|---|---|---|
| 装配建模 | | | | |
| 考试要求 | 了解 | 理解 | 掌握 | 熟练 |
| 从底向上设计方法 | | | | ● |
| 创建组件阵列 | | | | ● |
| WAVE技术及装配上下文设计 | | | ● | |

## 10. 工程图设计

| 考试内容 | | | | |
|---|---|---|---|---|
| 工程图设计 | | | | |
| 考试要求 | 了解 | 理解 | 掌握 | 熟练 |
| 添加基本视图、投影视图 | | | | ● |
| 创建局部放大视图 | | | | ● |
| 创建断开视图 | | | | ● |
| 定义视图边界——创建局部视图 | | | ● | |
| 视图相关编辑 | | | | ● |
| 创建全剖视图 | | | | ● |
| 创建阶梯剖视图 | | | | ● |
| 创建半剖视图 | | | | ● |
| 创建旋转剖视图 | | | | ● |
| 创建展开剖视图 | | | | ● |
| 创建局部剖视图 | | | | ● |
| 创建中心线 | | | | ● |
| 创建尺寸标注 | | | | ● |
| 创建文本注释 | | | | ● |
| 创建形位公差标注 | | | | ● |
| 标注表面粗糙度符号 | | | | ● |

## A.1.3 考试方式

- 考试方式是基于网络的统一上机考试，考试时间为180分钟。
- 考试系统采用模块化结构，应试题目从题库中随机抽取，理论考试题型为选择题。
- 考试不受时间限制，可随时报考，标准化考试，减少人为因素。
- 考试满分100分，总成绩达到60分以上为合格，达到90分以上为优秀。

## A.1.4 理论题各部分分值分布

理论题为选择题，各部分分值分布如下表所示。

理论题分值分布

| 考试内容 | 题目数量 | 每题分数 |
| --- | --- | --- |
| UG NX CAD 设计基础 | 2 | 2 |
| 基本实体的构建 | 2 | 2 |
| 参数化草图建模 | 2 | 2 |
| 创建扫掠特征 | 2 | 2 |
| 创建设计特征 | 2 | 2 |
| 创建基准特征 | 2 | 2 |
| 创建细节特征 | 2 | 2 |
| 表达式与部件族 | 2 | 2 |
| 装配建模 | 2 | 2 |
| 总题数 | 20 | 20 |

## A.1.5 上机题

题目数量：4

题型：零件建模、装配建模和工程图

比例：零件建模(2×20分)、装配建模(20分)和工程图(20分)

总分数：80分

# A.2 理论考试指导

## A.2.1 UG NX CAD 设计基础

(一)单选题

1. _____ 模块是UG NX软件中所有模块的基本模块，是启动该软件运行的第一个模块，并且该模块为其他模块提供统一的数据库支持和交互环境。

A. 建模  B. 制图
C. 基本环境  D. 加工

答案：C

2. 选择【文件】|【新建】命令，将打开【新建】对话框，该对话框中包含 4 个选项卡，下列_____选项不属于该对话框的选项卡。

   A. 模型　　　　　　　　　　B. 图纸
   C. 装配　　　　　　　　　　D. 仿真

   答案：C

3. 在 NX 的用户界面中，_____区域提示用户下一步该做什么。

   A. 信息窗口　　　　　　　　B. 提示行
   C. 状态行　　　　　　　　　D. 部件导航器

   答案：B

4. 使用_____可以方便地更新和了解部件的基本结构，可以选择和编辑各项的参数。

   A. 部件导航器　　　　　　　B. 装配导航器
   C. 特征列表　　　　　　　　D. 编辑和检查工具

   答案：A

5. _____可以绕点旋转模型。

   A. 单击中键，旋转模型
   B. 按住中键不放，出现绿色"十字"光标后旋转模型
   C. 单击左键，旋转模型
   D. 左右键同时按下，旋转模型

   答案：B

6. 在【视图】工具条中单击_____按钮，可以调整工作视图的中心和比例以显示所有对象。

   A. 平移　　　　　　　　　　B. 放大/缩小
   C. 缩放　　　　　　　　　　D. 适合窗口

   答案：D

7. _____显示样式仅用边缘几何体显示对象。必须手工更新旋转后的视图来校正显示。

   A. 带有隐藏边的线框　　　　B. 静态线框
   C. 带有淡化边的线框　　　　D. 局部着色

   答案：B

8. 如果想转到所选择的面与视图方向平行的视图，应使用_____按键。

   A. Home　　　　　　　　　　B. End
   C. F7　　　　　　　　　　　D. F8

   答案：D

9. _____，可以在显示界面上调用当前需要的图标。

   A. 在工具条中，右键单击，选择用户定制
   B. 打开工具条，在需要的位置双击
   C. 把光标放在工具条一侧，单击左键
   D. 右键单击，使用浮动工具条，显示对话框

答案：A

10. _____可以定义实体密度。
   A. 双击实体模型，在特征对话框中添加密度值。
   B. 在【建模首选项】中设置。
   C. 选择【编辑】下拉菜单中的【对象选择】命令，进行密度设置。
   D. 在部件导航器中右击实体，选择【属性】命令，进行密度设置。
答案：B

(二) 多选题

1. 视图可以绕_____旋转。
   A. 点                    B. 固定轴
   C. 任意旋转轴            D. 围绕部件几何体
答案：A、B、C、D

2. 使用部件导航器有下列功能：_____
   A. 可在详细的图形树中显示部件。
   B. 可以方便地更新和了解部件的基本结构。
   C. 可以选择和编辑树中各项的参数。
   D. 可以重新安排部件的组织方式。
答案：A、B、C、D

(三) 判断题

1. 当退出 UG 时，用户界面的布置、大小、设置都将被保存。(F/T)    答案：F
2. 鼠标中键 (MB2)的用途只是确认选择的对象(F/T)    答案：F

## A.2.2 基本实体的构建

(一) 单选题

1. 在 UG NX 三维坐标系统中，执行建模操作时使用最频繁的坐标系为_____，熟练掌握该坐标系的操作方法是所有建模的基础。
   A. ACS                   B. WCS
   C. FCS                   D. UCS
答案：B

2. WCS 的轴有标识颜色；X 为红色，Y 为_____，而 Z 为蓝色。
   A. 黄色                   B. 绿色
   C. 橙色                   D. 灰色
答案：B

3. 使用_____可操控 WCS 的位置和方向。
   A. WCS 动态               B. 旋转
   C. 方位                   D. 原点
答案：A

4. _____提供了在三维空间指定点和创建点对象和位置的标准方法。
   A. WCS 动态              B. 矢量构造器
   C. 点构造器              D. 捕捉点工具
   答案：C

5. _____可将两个或多个工具实体的体积组合为一个目标体。
   A. 缝合                  B. 连接
   C. 求和                  D. 合并
   答案：C

6. 当执行布尔操作中，出现零厚度的实体时，系统发出的错误提示信息是：_____。
   A. Edge violation        B. Non-manifold solid
   C. Zero thickness        D. Boolean Failure
   答案：B

7. _____对话框决定创建一个圆柱的方向。
   A. ABS 定位              B. 矢量构造器
   C. WCS 定位              D. 点构造器
   答案：B

8. _____不是建立块的方法。
   A. 给定块的长、宽、高    B. 给定平面上的两点位置及高度
   C. 给定空间两点位置      D. 给定底面积和高
   答案：D

9. _____选项不能做布尔求交运算。
   A. 目标体：实体和工具体：实体
   B. 目标体：实体和工具体：片体
   C. 目标体：片体和工具体：实体
   D. 目标体：片体和工具体：片体
   答案：B

10. 编辑对象显示中，无法进行_____。
    A. 图层移动             B. 颜色设置
    C. 透明度设置           D. 参数设置
    答案：D

11. _____命令可以在部件导航器中选择一个特征，并使其后所有的特征变为未激活状态。
    A. 设为当前特征         B. 抑制保留的
    C. 隐藏保留的           D. 不激活特征
    答案：A

(二)多选题

1. NX 的建模方法有_____。
   A. 显示建模              B. 基于约束的建模

C. 参数化建模　　　　　　D. 装配建模
答案：A、B、C

2. 在 NX 中，基本体素包括_____。
A. 块　　　　　　　　　　B. 圆柱
C. 圆锥　　　　　　　　　D. 球
答案：A、B、C、D

3. 类选择提供了选择对象的详细方法。它的选择过滤器包括_____。
A. 类型　　　　　　　　　B. 颜色
C. 图层　　　　　　　　　D. 线型
答案：A、B、C

4. 布尔操作包括_____。
A. 求和　　　　　　　　　B. 求差
C. 求交　　　　　　　　　D. 分割
答案：A、B、C

5. 图层的状态有_____。
A. 工作层　　　　　　　　B. 可选层
C. 仅可见层　　　　　　　D. 不可见层
答案：A、B、C、D

6. 编辑参数的方法包括_____。
A. 双击特征
B. 在部件导航器右击特征，选择编辑参数
C. 在部件导航器的细节面板中，编辑参数表达式的值
D. 单击【编辑】，选择【属性】，以修改参数
答案：A、B、C

(三)判断题

1. 可以在部件文件中保存多个坐标系，但只有一个坐标系可以成为 WCS。(F/T)　答案：T
2. 在建模时，可以在参数输入框中输入单位。(F/T)　　答案：T
3. 创建尺寸时，可以临时定义尺寸的误差间隙。(F/T)　　答案：T
4. 编辑特征时，将鼠标放置到特征上，单击鼠标右键，选择【编辑特征】和选择【可回滚编辑】没有差别。(F/T)　答案：F

### A.2.3　参数化草图建模

(一)单选题

1. 草图在特征树上显示为一个_____，且具有参数化和便于编辑修改的特点。
A. 模型　　　　　　　　　B. 特征

C. 片体 D. 实体
答案：B

2. 从零开始建模时，第一张草图的平面选择为工作坐标系平面，然后拉伸或旋转建立毛坯，第二张草图的平面不应选择为_____。
A. 实体表面 B. 相关的基准面
C. 固定的基准面 D. 片体表面
答案：C

3. _____可以用来确定单一草图元素的几何特征，或创建两个或多个草图元素之间的几何特征关系，包括约束和自动约束两种类型。
A. 尺寸标注 B. 几何约束
C. 镜像草图 D. 连接草图
答案：B

4. 利用_____工具可以创建一系列连接的直线和圆弧，而且在这些曲线中上一条曲线的终点将变为下一条曲线的起点。
A. 配置文件 B. 直线
C. 圆弧 D. 艺术样条
答案：A

5. _____工具可以将草图曲线按一定的距离向指定方向偏置复制出一条新的曲线，偏置对象为封闭的草图元素则将曲线元素放大或缩小。
A. 镜像曲线 B. 投影曲线
C. 偏置曲线 D. 添加现有曲线
答案：B

6. 通过_____工具可以控制哪些约束在构造草图曲线过程中被自动判断并创建，从而减少在绘制草图后添加约束的工作量，提高绘图效率。
A. 自动约束 B. 尺寸约束
C. 显示/移除约束 D. 自动判断约束设置
答案：A

7. _____工具可以在两条平行直线中间创建一条与两条直线平行的直线，或在两条不平行直线之间创建一条平分线。
A. 派生直线 B. 偏置曲线
C. 配置文件 D. 直线
答案：A

8. 利用_____工具可以将二维曲线、实体或片体的边按草图平面的法向方向进行投影，将其变为草图曲线。
A. 投影曲线 B. 添加现有曲线
C. 偏置曲线 D. 镜像曲线
答案：A

9. 创建草图时，草图所在的层由_____决定。
A. 系统自动定义 B. NX 预设置中定义

C. 建立草图时定义的工作层　　D. 在草图中选择
答案：C
10. NX_____表示草图中的点没有完全约束。
A. 使用草图控制命令　　　　B. 通过锚点图标判断
C. 通过自由度箭头判断　　　D. 显示所有约束命令
答案：C

(二)多选题

1. 草图中提出了"约束"的概念，可以通过_____控制草图中的图形。
A. 几何约束　　　　　　　　B. 尺寸约束
C. 自动约束　　　　　　　　D. 显示约束
答案：A、B

2. 草图尺寸的显示方式有_____。
A. 表达式　　　　　　　　　B. 名称
C. 值　　　　　　　　　　　D. 特征参数值
答案：A、B、C

3. 草图中几何约束的显示或隐藏方法一般有_____
A. 草图、约束、显示所有约束，显示所有约束
B. 工具、约束、不显示约束，隐藏所有约束
C. 开启"显示所有约束"和"不显示所有约束"，只显示重要约束
D. 工具、约束、显示/移除约束，临时显示指定的几何约束
答案：A、B、D

4. 在创建草图时，可以通过_____定义草图平面和草图方位。
A. 在平面上　　　　　　　　B. 在轨迹上
C. 在片体上　　　　　　　　D. 沿直线
答案：A、B

(三)判断题

1. 可以不打开草图，利用部件导航器改变草图尺寸。(F/T)　　答案：T
2. 在草图的镜像操作过程中，镜像中心线自动转变成一条参考线。(F/T)　　答案：T
3. 草图绘制必须在基准平面上建立，因此在建立草图之前必须先建立好基准平面。(F/T)　　答案：F
4. 可以很容易地在一个水平尺寸链中添加一个单一的水平尺寸。(F/T)　　答案：T
5. 沿草图平面的法向将曲线、边等几何对象投影到草图上，投影的草图线条和这些几何对象没有相关性。(F/T)　　答案：F
6. 不可以使用一欠约束草图去定义一特征。(F/T)　　答案：F
7. 在草图中，当曲线被约束时，它的颜色会发生变化。(F/T)　　答案：T
8. 草图曲线不能用来建立曲面，只能用来做特征操作。(F/T)　　答案：F

## A.2.4 创建扫描特征

(一)单选题

1. 设置曲线规则：_____，选择一个相切连续的曲线或边缘链。
   A. 相连曲线　　　　　　B. 片体边缘
   C. 相切曲线　　　　　　D. 面的边缘
   答案：C

2. 设置曲线规则：单条曲线，_____。允许指定自动成链不仅在线框的端点停止，还会在线框的相交处停止。
   A. 在相交处停止　　　　B. 跟随圆角
   C. 特征内成链　　　　　D. 推断停止
   答案：A

3. _____操作与拉伸操作类似，不同点是该操作将草图截面或曲线等二维对象相对于旋转中心旋转而生成实体模型。
   A. 扫掠　　　　　　　　B. 旋转
   C. 放样　　　　　　　　D. 沿引导线扫掠
   答案：B

4. 在【体类型】组中，选中_____单选按钮，可以控制在拉伸截面曲线时创建的是实体。
   A. 模型　　　　　　　　B. 实体
   C. 片体　　　　　　　　D. 体素
   答案：B

5. 拔锥拉伸具有内部孔的实体时，内、外拔锥方向_____。
   A. 相同　　　　　　　　B. 不定
   C. 相反　　　　　　　　D. 为零
   答案：C

6. 旋转扫描的方向遵循_____，从起始角度旋转到终止角度。
   A. 右手定则　　　　　　B. 左手定则
   C. 相对坐标系　　　　　D. 绝对坐标系
   答案：A

7. 对称基体应采用对称方式拉伸，从【结束】下拉列表框中选择_____。
   A. 贯通　　　　　　　　B. 对称值
   C. 直至下一个　　　　　D. 等值
   答案：B

8. 在【拉伸】对话框中单击【草图截面】按钮，打开草图应用并建立特征内的截面。这个草图为_____。
   A. 特征草图　　　　　　B. 外部草图
   C. 内部草图　　　　　　D. 截面草图
   答案：C

9. 选择布尔操作方式，系统默认新生成的扫描体为_____，需选择一个_____。
   A. 工具体　工具体　　　　　B. 工具体　目标体
   C. 目标体　目标体　　　　　D. 目标体　工具体
   答案：B

10. 扫掠——将截面曲线沿引导线扫掠成片体或实体，其截面曲线最少1条，最多150条，引导线最少1条，最多_____条。
    A. 2　　　　　　　　　　　B. 3
    C. 4　　　　　　　　　　　D. 5
    答案：B

(二)多选题

1. 对于扫掠特征是由一截面线串移动所扫掠过的区域构成的实体，作为截面线串的曲线可以是_____。
   A. 实体边缘　　　　　　　　B. 二维曲线
   C. 草图特征　　　　　　　　D. 基准面边缘
   答案：A、B、C

2. 默认的拉伸矢量方向和截面曲线所在的面垂直，可以用_____方法来规定自己的方向。
   A. 曲线　　　　　　　　　　B. 边缘
   C. 矢量　　　　　　　　　　D. 坐标系
   答案：A、B、C

3. 在以下方法中，能通过扫掠特征获得实体的有_____。
   A. 一封闭的截面，同时体类型选项设置为实体
   B. 以回转扫描的开放截面，并定义回转角度为360度
   C. 带有拔模操作的开放截面
   D. 带有偏置操作的开放截面
   答案：A、B、D

4. 当执行沿引导线扫掠时，_____必须定义。
   A. 截面线串　　　　　　　　B. 引导线串
   C. 脊椎线串　　　　　　　　D. 脊椎轨迹
   答案：A、B

(三)判断题

1. 不封闭的截面线串不能创建实体。(F/T)　　答案：F
2. 拉伸(Extrude)和旋转(Rotate)一个开口的截面线串，只能建立片体，不能建立实体。(F/T)　答案：F
3. 旋转模型时，可以自定义设置旋转点。(F/T)　答案：T
4. 在 NX 中，一个旋转特征可以生成两个实体。(F/T)　答案：T
5. 被多个扫描特征应用的草图可以"使成为内部草图"。(F/T)　答案：F

6. 利用拉伸特征，既可以创建实体，也可以创建片体。(F/T)　答案：T

7. 沿引导线扫描特征，允许选择多个截面线串和一条引导线串。(F/T)　答案：F

### A.2.5　创建设计特征

(一)单选题

1. 建立孔特征时，可以使用【捕捉点】和【选择意图】选项帮助选择现有的点或特征点，也可以使用_____来指定孔特征的位置。
   A. 插入点　　　　　　　　B. 草图生成器
   C. 插入点集　　　　　　　D. 坐标点
   答案：B

2. 对于圆台、腔体、凸垫、键槽等特征，放置面必须是_____。
   A. 球面　　　　　　　　　B. 平面
   C. 柱面　　　　　　　　　D. 锥面
   答案：B

3. 如果选择一个基准平面作为放置面，则可以使用_____切换矢量的方向。
   A. 反侧按钮　　　　　　　B. 输入负值
   C. 选择反向基准面　　　　D. 矢量构造器
   答案：A

4. 水平参考定义特征坐标系的_____。
   A. 原点　　　　　　　　　B. X轴
   C. Y轴　　　　　　　　　D. Z轴
   答案：B

5. 基体上的边缘或基准被称为_____。
   A. 原点　　　　　　　　　B. 目标边
   C. 工具边　　　　　　　　D. 基准边
   答案：B

6. 特征上的边缘或特征坐标轴被称为_____。
   A. 原点　　　　　　　　　B. 目标边
   C. 工具边　　　　　　　　D. 基准边
   答案：C

7. 对于圆形特征(如孔、圆台)，定位尺寸为圆心(特征坐标系的原点)到_____的垂直距离。
   A. 原点　　　　　　　　　B. 目标边
   C. 工具边　　　　　　　　D. 基准边
   答案：C

8. _____和凸台特征类似，只是生成方式和凸台的生成方式相反。
   A. 腔体　　　　　　　　　B. 坡口焊
   C. 凸垫　　　　　　　　　D. 圆柱体
   答案：A

9. _____成形特征必须建立在圆面或圆锥面上。
   A. 凸台　　　　　　　　　　B. 孔
   C. 键槽　　　　　　　　　　D. 沟槽
   答案：D

10. _____允许将一个非定位实体特征移动到指定的位置，对于存在有定位尺寸的特征，可通过编辑位置尺寸的方法移动特征，从而达到修改实体特征的目的。
    A. 编辑位置　　　　　　　　B. 移动特征
    C. 特征重排序　　　　　　　D. 参数编辑
    答案：A

(二)多选题

1. 创建凸台的放置面可以是_____。
   A. 平的表面　　　　　　　　B. 圆柱面
   C. 基准平面　　　　　　　　D. 锥面
   答案：A、C

2. 键槽可创建_____。
   A. 矩形　　　　　　　　　　B. 球形端
   C. T-键槽　　　　　　　　　D. U-键槽
   答案：A、B、C、D

3. 沟槽可创建_____。
   A. 矩形沟槽　　　　　　　　B. 球形末端沟槽
   C. T-形沟槽　　　　　　　　D. U-形沟槽
   答案：A、B、D

(三)判断题

1. 在非平面的面上创建孔。(F/T)　　答案：T
2. 通过指定多个放置点，在单个特征中创建多个孔。(F/T)　　答案：T
3. 可以利用【编辑】|【变换】的方法移动孔的位置。(F/T)　　答案：F
4. 凸台(Boss)的拔模角 Taper Angle 可以是正值也可以是负值。(F/T)　　答案：T
5. 所有成形特征(凸台 Boss，孔 Hole，刀槽 Pocket，凸垫 Pad，键槽 Slot，割槽 Groove)都必须建立在平面上。(F/T)　　答案：F
6. 一个成形特征必须用定位尺寸完全规定它的位置。(F/T)　　答案：F
7. 可以在部件导航器中抑制某个特征。(F/T)　　答案：T
8. 创建通用凸垫时，在选择放置面一步中，如果放置面为多个相切面组成的面，那么选中其中一个面即可。(F/T)　　答案：F
9. 对于沟槽特征，安放表面必须是柱面或锥面。(F/T)　　答案：T

## A.2.6 创建基准特征

(一)单选题

1. _____可以作为其他特征的参考平面，它是一个无限大的平面，实际上并不存在，也没有任何重量和体积。
   A. 草图平面　　　　　　　　B. 基准面
   C. 基准轴　　　　　　　　　D. 小平面
   答案：B

2. 所有基准特征应在层_____上建立。
   A. 1～20　　　　　　　　　B. 21～41
   C. 41～60　　　　　　　　 D. 61～80
   答案：D

3. 与几何体相关的基准面是_____。
   A. 固定基准　　　　　　　　B. 绝对基准
   C. 相对基准　　　　　　　　D. 依附基准
   答案：C

4. 创建平分的基准面需要选择_____个面。
   A. 1　　　　　　　　　　　B. 2
   C. 3　　　　　　　　　　　D. 4
   答案：B

5. 当使用两个表面相交建立相对基准轴时，轴方向_____。
   A. 由左手规则确定　　　　　B. 由右手规则确定
   C. 不确定　　　　　　　　　D. 无法确定
   答案：B

(二)多选题

1. 确定_____可以创建基准面。
   A. 点和方向　　　　　　　　B. 三点
   C. 过曲线上一点　　　　　　D. 相切圆柱表面
   答案：A、B、C、D

2. _____可以删除基准面。
   A. 选中基准面，按 Backspace 键
   B. 选中基准面，按 Delete 键
   C. 选中基准面，单击 Delete 按钮
   D. 选中基准面，选择【编辑】|【删除】命令
   答案：B、C、D

3. 确定_____可以创建基准轴。
   A. 过一边缘　　　　　　　　B. 二点

C. 过一圆柱、锥或旋转面轴　　D. 两个表面/基准平面的交线

答案：A、B、C、D

(三)判断题

1. 若创建一个与某个面成一定角度的基准面，可以选择一个面和一个基准轴(或一条直边)。(F/T)　　答案：T
2. 一个面上的基准面法向总是与面法向相同，并偏离父实体。(F/T)　　答案：F
3. 基准平面(Datum Plane)是构造草图的唯一平面，它必须用坐标系来构建。(F/T)　　答案：F

## A.2.7　创建细节特征

(一)单选题

1. _____是按照厚度将实体模型挖空形成一个内孔的腔体(厚度为正值)，或者包围实体模型成为壳体(厚度为负值)。

A. 孔　　　　　　　　　　B. 腔体
C. 抽壳　　　　　　　　　D. 成形

答案：C

2. _____是将模型的表面沿指定的拔模方向倾斜一定的角度，因而广泛应用于各种模具的设计领域。

A. 倒角　　　　　　　　　B. 拔模
C. 成形　　　　　　　　　D. 倒圆

答案：B

3. 设置变半径_____是指沿指定边缘，按可变半径对实体或片体进行倒圆，倒圆面通过指定的陡峭边缘，并与倒圆边缘邻接的一个面相切。

A. 边倒圆　　　　　　　　B. 软倒圆
C. 面倒圆　　　　　　　　D. 倒斜角

答案：A

4. 使用从边拔模方式时，选择的所有参考边在任意处的切线与拔模方向之间的夹角，必须_____拔模角度。

A. 大于　　　　　　　　　B. 小于
C. 等于　　　　　　　　　D. 以上都可以

答案：D

5. 要建立一个矩形实例阵列，将_____定义偏置方向。

A. 沿工作坐标系的轴　　　B. 沿绝对坐标系
C. 沿一边缘为XC参考　　 D. 沿参考坐标系

答案：C

6. 镜像体通过_____对象可以镜像整体。

A. 圆面或锥面　　　　　　B. 表格

C. 基准面 D. 平面
答案：C

7. 矩形阵列时，XC方向、YC方向是以_____坐标系的X、Y轴作为方向的。
   A. 基准坐标系 B. 绝对坐标系
   C. WCS D. 特征坐标系
   答案：C

8. UG NX 5.05版本中，不可以创建下列_____孔类型。
   A. 螺纹孔 B. 螺纹间隙孔
   C. 锥形孔 D. 埋头孔
   答案：C

9. 在拔模命令中，无法实现_____拔模。
   A. 从边 B. 从平面
   C. 与多个面相切 D. 至分型面
   答案：D

(二) 多选题

1. 在UG NX中可以创建的圆角为_____。
   A. 边倒圆 B. 面倒圆
   C. 软倒圆 D. 变半径倒圆
   答案：A、B、C

2. 比例命令的操作类型包括_____。
   A. 均匀 B. 常规
   C. 轴对称 D. 矢量决定
   答案：A、B、C

3. 组件阵列包括_____。
   A. 线性阵列 B. 圆形阵列
   C. 镜像阵列 D. 按排列特征进行阵列
   答案：A、B、D

4. 不是所有的特征都能引用命令来阵列，不能创建对象的引用有_____。
   A. 凸台 B. 偏置面
   C. 裁剪体 D. 倒圆
   答案：B、D

(三) 判断题

1. 在矩形阵列中，XC、YC方向的偏置值必须是正值。(F/T) 答案：T
2. 当输入实例数值时，原始特征被计入其中。(F/T) 答案：T
3. 用一孔中心作为圆形阵列的旋转点可以创造此孔中心和阵列原点之间的相关性。(F/T) 答案：F
4. 可以更改没有参数的模型中的圆角半径。(F/T) 答案：T

5. 当建立一壳特征时，不可以指定个别厚度到表面。(F/T)　答案：F
6. 对特征进行矩形阵列后，无法改变阵列方向。(F/T)　答案：T

### A.2.8　表达式与部件族

(一)单选题

1. 测量体命令中，无法测量体的_____参数。
   A. 体积　　　　　　　　　B. 质量
   C. 密度　　　　　　　　　D. 表面积
   答案：C

2. 以下_____指令用于创建条件表达式。
   A. If Else　　　　　　　　B. Do While
   C. Do Until　　　　　　　D. Else If
   答案：A

3. 若要进行注释，_____符号必须用在表达式之后。
   A. 都不是　　　　　　　　B. ??
   C. !!　　　　　　　　　　D. //
   答案：D

4. _____符号不能用作命名表达式？
   A. A(字母)　　　　　　　B. -(连字符)
   C. _(下划线)　　　　　　D. 1(数字)
   答案：B

5. _____功能可以创建一个表达式，用值 1 或 0 来压缩/解压缩一个特征
   A. 激活表达式　　　　　　B. 删除表达式
   C. 抑制表达式　　　　　　D. 重定义表达式
   答案：C

6. 选择_____可以创造测量距离、长度或角度的特性。
   A. 【分析】|【距离】、【长度】、【角度】
   B. 【信息】|【对象】
   C. 【尺寸】
   D. 【偏置曲线】
   答案：A

7. 部件族功能用于以一个 NX 部件文件为基础，建立一系列形状相同但某些参数取值不同的部件，这个部件叫_____。
   A. 第一个族文件　　　　　B. 模板部件
   C. 原始族文件　　　　　　D. 基础文件
   答案：B

8. _____是一个只读部件，与部件族的模板部件和部件族的参数电子表单相关联。
   A. 部件族　　　　　　　　B. 成员部件

C. 标准部件　　　　　　　　D. 族实例
答案：B
9. 可以使用_____操作实现不显示某个特定特征。
A. 删除特征　　　　　　　　B. 抑制特征
C. 隐藏特征　　　　　　　　D. 移除特征
答案：B
10. UG 中的抑制特征(Suppress Feature)的功能是_____。
A. 从目标体上永久删除该特征
B. 从目标体上临时移去该特征和显示
C. 从目标体上临时隐藏该特征
D. 在计算目标体重量时，忽略信息，但仍然显示
答案：B

(二)多选题

1. _____，将会自动生成系统表达式。
A. 生成一个特征　　　　　　B. 对草图标记尺寸
C. 约束装配　　　　　　　　D. 在制图中创建尺寸
答案：A、B、C
2. 当执行_____操作时，将自动创建表达式。
A. 打开文件　　　　　　　　B. 定位特征
C. 创建特征　　　　　　　　D. 标注草图
答案：B、C、D
3. 当单击参数输入按钮时，可以选择_____选项。
A. 测量　　　　　　　　　　B. 公式
C. 表达式　　　　　　　　　D. 参考
答案：A、B、D
4. 在"表达式"对话框中，"列出的表达式"的分类方法有_____。
A. 全部　　　　　　　　　　B. 按名称过滤
C. 按值过滤　　　　　　　　D. 按时间戳记过滤
答案：A、B、C

(三)判断题

1. 任何表达式都可以被删除。(F/T)　　答案：F
2. 一个尺寸的名称和数值可以利用表达式对话框进行编辑。(F/T)　　答案：T
3. 当建立特征和尺寸约束草图时，系统将自动生成表达式。(F/T)　　答案：T
4. 部件间表达式( Inter-Part Expression)是用于连接任意两个部件的表达式。(F/T)
答案：T
5. 抑制一个特征组(Feature Set)也将抑制它包含的所有成员特征。(F/T)　　答案：T

A.2.9 装配建模

(一)单选题

1. 一个_____是多个零部件或子装配的指针实体的集合。任何一个装配是一个包含组件对象的.prt 文件。
   A. 装配　　　　　　　　　B. 组件
   C. 零件　　　　　　　　　D. 模型
   答案：A

2. _____在一个单独的窗口中以图形的方式显示出部件的装配结构，并提供了在装配中操控组件的快捷方法。
   A. 部件导航器　　　　　　B. 装配导航器
   C. 零件列表　　　　　　　D. 打开对话框
   答案：B

3. _____装配是指在设计过程中，先设计单个零部件，在此基础上进行装配生成总体设计，并利用关联约束条件进行逐级装配，从而形成装配模型。
   A. Bottom Up　　　　　　B. Bottom Down
   C. Top Down　　　　　　D. Down Top
   答案：C

4. 可以在高一级装配内使用的组件对象的装配叫_____。
   A. 子装配　　　　　　　　B. 对象组
   C. 零件　　　　　　　　　D. 子组件
   答案：A

5. 下列选项中，_____不属于"接触对齐"约束类型的子选项。
   A. 首选接触　　　　　　　B. 接触
   C. 角度　　　　　　　　　D. 对齐
   答案：C

6. _____装配执行方法主要用于将现有组件添加到当前装配环境中。
   A. 自下至上设计法　　　　B. 自顶向下
   C. 自底向上　　　　　　　D. 自上至下设计法
   答案：C

7. 如果用户的修改过程必须移动一个部件到一个不同目录下，为了使 NX 知道在何处找到该对象，用户需要在装载选项中定义_____。
   A. 替换　　　　　　　　　B. 引用集
   C. 搜索目录　　　　　　　D. WAVE 数据
   答案：C

8. 打开装配文件时，决定系统如何及从哪里装载组件的选项是_____。
   A. 【首选项】|【装配】　　B. 【文件】|【选项】|【装配加载选项】
   C. 【装配】|【选项】　　　D. 【格式】|【选项】
   答案：B

9. _____选项不是装配中组件阵列的方法。
   A. 线性              B. 从实例特征
   C. 从引用集阵列      D. 圆的
   答案：C

10. _____装配方法可以实现将已知的零部件逐一加至装配体内。
    A. Bottom Up        B. Bottom Down
    C. Top Down         D. Down Top
    答案：A

11. WAVE 链接中，选中【固定于当前时间戳记】复选框后，WAVE 几何对象_____。
    A. 随着 WAVE 源对象修改而修改
    B. 不随 WAVE 源对象修改而修改
    C. 无法相对于镜像基准面发生距离移动
    D. 无法对 WAVE 几何对象再做任何操作
    答案：B

12. WAVE 几何链接器中无法链接_____类型的几何对象。
    A. 镜像体            B. 复合曲线
    C. 基准              D. 引用集
    答案：D

13. 如果修改过程需要移动零件到不同的目录下，为了让 NX 在打开装配体的时候知道在哪里找到这些零件，需要在加载选项中定义_____。
    A. 使用部分加载      B. 部件
    C. 用户目录          D. 搜索目录
    答案：D

14. _____对话框决定了"从何处"和"以哪种状态"加载组件文件。
    A. 系统选项          B. 选择选项
    C. 装配加载选项      D. 装配选项
    答案：C

15. 当组件的引用集在装配文件中被使用时，此引用集若被删除，那么下次打开此装配文件时，组件的_____引用集将会被使用。
    A. 空集              B. 整集
    C. 默认引用集        D. 装配文件将打开失败
    答案：B

(二) 多选题

1. 使用装配导航器可以执行_____操作。
   A. 更改工作部件      B. 更改显示部件
   C. 隐藏和显示组件    D. 零件定位
   答案：A、B、C

2. 约束类型为【接触对齐】时，允许按以下方式影响【接触对齐】约束可能的解有

_____。

A. 首选接触　　　　　　　B. 接触
C. 对齐　　　　　　　　　D. 自动判断中心/轴

答案：A、B、C、D

3. 约束类型为【角度】时，子类型有_____。

A. 3D 角度　　　　　　　B. 定位角
C. 对中心　　　　　　　　D. 对称

答案：A、B

4. 约束类型为【中心】时，子类型有_____。

A. 1 对 2　　　　　　　　B. 2 对 1
C. 2 对 2　　　　　　　　D. 1 对 1

答案：A、B、C

5. 假如没有创建其他引用集，默认的可用引用集有_____。

A. Entire Part　　　　　　B. Empty
C. Model　　　　　　　　D. Solid Body

答案：A、B、C

6. 在装配导航器中，_____可以隐藏装配中的某个部件。

A. 选择部件前面的红色标记
B. 双击黄色标记
C. 右键单击部件名称，从快捷菜单中选择【隐藏】命令
D. 双击部件名称

答案：A、C

(三)判断题

1. 在装配导航器上也可以查看组件之间的定位约束关系。(F/T)　　答案：T
2. 在装配中可对组件进行镜像或阵列。(F/T)　　答案：T
3. 可以通过编辑组件序列来修改组件整列的参数。(F/T)　　答案：T
4. 已存在"配对条件"的装配文件，再使用"定位约束"添加配合关系时，会出错。(F/T)　　答案：F
5. 使用 WAVE 几何链接器时，WAVE 的几何对象将不会随源对象的更改而更改。(F/T)　　答案：F

## A.2.10 工程图的构建

(一)单选题

1. UG NX 的工程图模块中提供了各种视图的管理功能，包括_____、打开图纸、删除图纸和编辑当前图纸等。

A. 定制图样　　　　　　　B. 新建图纸

C. 定制模板　　　　　　　　D. 保存图纸
答案：B
2. 用剖切面局部地剖开机件，所得到的剖视图称为_____。
A. 局部剖视图　　　　　　　B. 旋转剖视图
C. 局部放大图　　　　　　　D. 展开剖视图
答案：A
3. _____主要是为视图定义一个新的边界类型，改变视图在图纸页中的显示状态。
A. 对齐视图　　　　　　　　B. 视图编辑
C. 定义视图边界　　　　　　D. 视图的显示
答案：C
4. 在创建_____剖视图时，首先需要绘制出该剖视图的剖视范围曲线。
A. 旋转　　　　　　　　　　B. 局部
C. 半剖　　　　　　　　　　D. 展开
答案：B
5. 对齐视图包括5种视图的对齐方式，其中_____可以将所选视图中的第一个视图的基准点作为基点，对所有视图做重合对齐。
A. 水平　　　　　　　　　　B. 竖直
C. 叠加　　　　　　　　　　D. 垂直与直线
答案：C
6. 在【移动/复制视图】对话框中，_____复选框用于指定是移动视图还是复制视图。
A. 复制视图　　　　　　　　B. 移动视图
C. 偏置视图　　　　　　　　D. 重复视图
答案：A
7. 在【注释样式】对话框中，可对_____类型的文字进行编辑。
A. 尺寸　　　　　　　　　　B. 附加文本
C. 公差　　　　　　　　　　D. 基准符号
答案：D
8. _____是创建工程图的最不可取的方法。
A. 在主模型文件中进入【制图】模块。
B. 新建文件，添加要创建工程图的组件文件，进入【制图】模块。
C. 新建非主模型文件，选择要创建工程图的组件文件。
D. 使用工程图模板，创建工程图。
答案：A
9. 创建断开视图时，锚点有时候需要自定义，有时候不需要，如何操作系统会自动定义锚点？_____
A. 在制图预设值中设置。
B. 在用户默认设置中设置。
C. 定义封闭边界的起点和终点时，取视图线条上的某个点。
D. 定义封闭边界的起点和终点时，在断开视图对话框中设置。
答案：C

10. 当使用【水平基线】命令标注尺寸链时，_____可以调整各尺寸之间的距离。
   A. 双击某个尺寸，更改【偏置】值
   B. 右键某个尺寸，选择【样式】命令，更改【基线偏置】
   C. 选择【编辑】|【样式】命令
   D. 右键单击所选尺寸，从快捷菜单中选择【样式】
   答案：D

11. 当剖面线中有文字穿过时，要打断剖面线，可以选择_____方式实现。
   A. 【编辑】|【剖面线边界】
   B. 双击剖面线修改
   C. 【插入】|【剖面线】
   D. 右击剖面线，选择【样式】命令
   答案：A

12. 若要在视图中添加视图相关曲线，必须选择该视图，然后在鼠标右键快捷菜单中选择_____命令。
   A. 视图相关编辑            B. 扩展成员视图
   C. 视图边界                D. 样式
   答案：B

13. _____操作步骤与半剖的操作步骤基本相同，不同的是在定义剖切位置时，可以定义多个剖切位置和弯折位置。
   A. 半剖                    B. 旋转剖
   C. 阶梯剖                  D. 展开剖
   答案：C

(二)多选题

1. 在绘制工程图时，能用_____方法来编辑图纸，例如修改图纸大小名称等。
   A. 选择【编辑】|【图纸页】命令
   B. 右击图纸边缘虚线框，选择编辑图纸页
   C. 在部件导航器中，选择图纸节点并右击，选择编辑图纸页
   D. 在图纸空白处右击，选择编辑图纸页
   答案：A、B、C

2. NX 制图模块可以创建的视图包括_____。
   A. 正交视图                B. 辅助视图
   C. 局部放大图              D. 剖视图
   答案：A、B、C、D

3. 当前活动图纸页允许更改的图纸页参数有_____。
   A. 名称                    B. 大小
   C. 比例                    D. 测量单位
   答案：A、B、C、D

(三)判断题

1. 只有在图纸上没有投影视图存在，才可以改变投射角。(F/T)    答案：T

2. 当发现视图标签名称应该用 D—D，而不是用 A—A 时，可以修改。(F/T)  答案：T
3. 若在一个公制的模型文件中，想要确保所有尺寸都是毫米，则可以在添加尺寸之前设置单位的类型。(F/T)　　答案：T
4. 添加投影视图后，可以更改投影方式。(F/T)　　答案：F
5. 创建的局部剖视图无法删除。(F/T)　　答案：F
6. NX 不可以人为地修改尺寸。(F/T)　　答案：F
7. 在 NX 的工程图模块中，存在"中国国标"标准，可以调用国标标准添加国标基准符号。(F/T)　　答案：F
8. 在 UG 工程制图中可以直接用草图(sketcher)画二维图而不用三维实体投影出二维图。(F/T)　　答案：F
9. 创建的局部剖视图无法删除。(F/T)　　答案：F
10. 剖面线和剖视图是关联的。对剖切线进行的更改会影响剖视图。(F/T)　　答案：T

## A.3　上机考试指导

为顺利通过能力测试不仅要求考生具有完成的能力，而且要求考试要具有一定的效率和技巧，这些能力完全靠考生在日常的工作和练习中积累，因此，多做多练是唯一有效的途径。

练习的题目已经涵盖了考试题目中出现的要求，因此，按照要求完成如下练习，将能顺利通过上机考试测试。

测试要求：
- 使用基本建模技术建立零件。
- 在装配体中使用建立的零件。
- 绘制零件(按照要求标注)的设计图纸。

在开始正式的考试之前，请考生务必注意并做到：

(1) 在你的电脑上建立一个 "**E:\ NCIE <你的ID号> <今天的日期>**" 的文件夹。

例如：E:\NCIE05310101090810，

其中：0531010 是你的考试 ID 号，090810 是 2009 年 08 月 10 日。中间不能有空格。

(2) 你完成的所有工作**必须**保存在所建的文件夹中，否则可能无法进行评分。

(3) **必须**按照题目中给定的名称保存文件。例如，若题目中要求使用"Support"来命名支架零件，则必须使用"Support"这个文件名称保存完成的支架零件。

(4) 没有按照正确的名称命名并保存文件的，不予评分。

### A.3.1　练习 1

本练习包含 4 个部分：
- 新建 2 个零件。
- 新建 1 个装配体文件，完成爆炸。
- 完成 1 个工程图文件的建立。

## 1. 新建零件 1

建立一个新零件，如附图1所示，单位为毫米。在你的文件夹里保存该零件为"Support"。

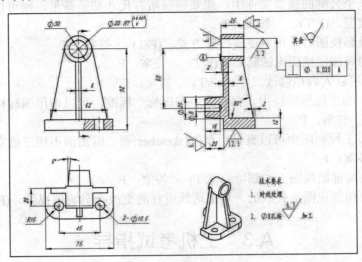

附图 1　Support 零件

## 2. 新建零件 2

建立一个新零件，如附图 2 所示，单位为毫米。在你的文件夹里保存该零件为"Swin_arm"。

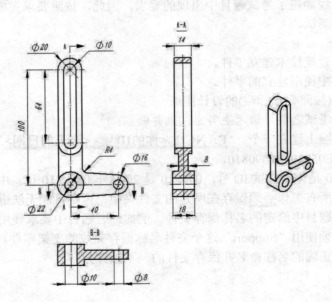

附图 2　Swin_arm 零件

## 3. 新建装配体

使用前面已经完成的 Support 和 Swin_arm 文件与系统提供的 Gear、Key、Crank、Rotating_shaft1 和 Rotating_shaft2 建立装配体，命名为"Assembly-1"，如附图 3 所示。

附录A 考试指导

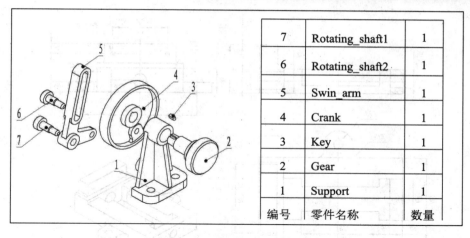

附图3　Assembly-1 装配体

4. 工程图

使用你建立的 Support 文件，建立与附图1所示相近的工程图。

要求：

(1) 建立主视图。
(2) 建立俯视图。
(3) 建立左视图(剖视图保留肋板)。
(4) 建立等轴测视图。
(5) 标注尺寸。
(6) 标注公差。
(7) 标注基准符号。
(8) 标注加工符号。
(9) 标注形位公差。
(10) 标注技术要求。

将工程图保存在你的文件夹中，命名为"RAWING-1"。

## A.3.2　练习2

本练习包含4个部分：

- 新建2个零件。
- 新建1个装配体文件，完成爆炸。
- 完成1个工程图文件的建立。

### 1. 新建零件1

建立一个新零件，如附图4所示，单位为毫米。在你的文件夹里保存该零件为"Work_bench"。

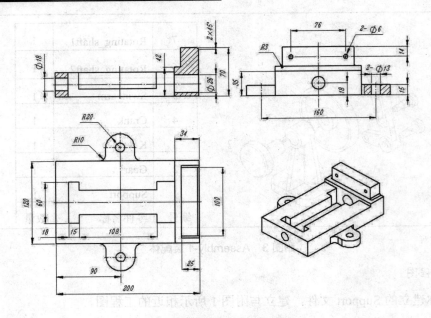

附图 4  Work_bench 零件

## 2. 新建零件 2

建立一个新零件，如附图 5 所示，单位为毫米。在你的文件夹里保存该零件为"Screw_rod"。

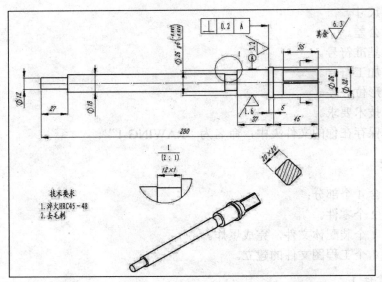

附图 5  Screw_rod 零件

## 3. 新建装配体

使用前面已经完成的 Work_bench 和 Screw_rod 与系统提供的 Jaw、Nut、Active_jaw、Bolt 和 Washer 建立装配体，命名为"Assembly-2"，如附图 6 所示。

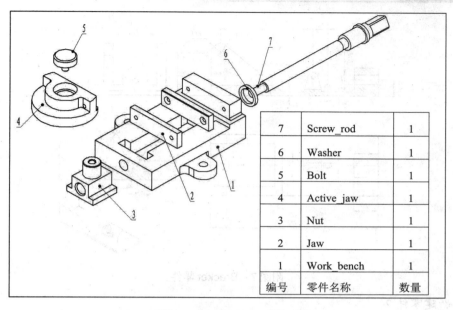

附图 6　Assembly-2 装配体

4. 工程图

使用你建立的 Screw_rod 零件，建立与附图 5 所示相近的工程图。

要求：

(1) 建立主视图。
(2) 建立移除剖视。
(3) 建立局部视图。
(4) 建立等轴测视图。
(5) 标注尺寸。
(6) 标注公差。
(7) 标注基准符号。
(8) 标注加工符号。
(9) 标注形位公差。
(10) 标注技术要求。

将工程图保存在你的文件夹中，命名为"RAWING-2"。

## A.3.3　练习 3

本练习包含 4 个部分：

- 新建 2 个零件。
- 新建 1 个装配体文件。
- 完成 1 个工程图文件的建立。

1. 新建零件 1

建立一个新零件，如附图 7 所示，单位为毫米。在你的文件夹里保存该零件为"Bracket"。

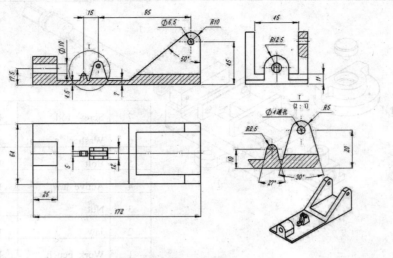

附图 7　Bracket 零件

## 2. 新建零件 2

建立一个新零件，如附图 8 所示，单位为毫米。在你的文件夹里保存该零件为"Piston"。

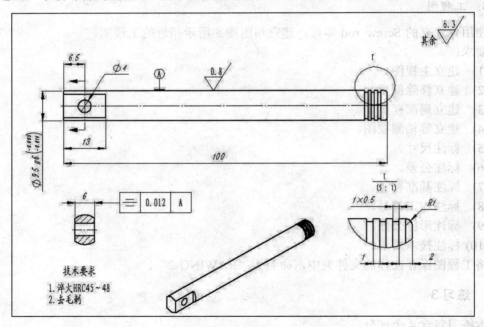

附图 8　Piston 零件

## 3. 新建装配体

使用前面已经完成的 Bracket 和 Piston 与系统提供的 Plunger、Link1、Link2 和 Casting 建立装配体，命名为"Assembly-3"，如附图 9 所示。

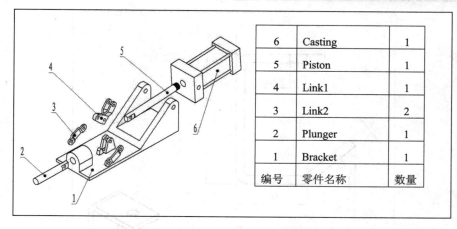

附图9 Assembly-3 装配体

4. 工程图

使用你建立的 Piston,建立与附图 8 所示相近的工程图。

要求:

(1) 建立主视图。
(2) 建立移除剖视。
(3) 建立局部视图。
(4) 建立等轴测视图。
(5) 标注尺寸。
(6) 标注公差。
(7) 标注基准符号。
(8) 标注加工符号。
(9) 标注形位公差。
(10) 标注技术要求。

将工程图保存在你的文件夹中,命名为"RAWING-3"。

### A.3.4 练习 4

本练习包含 4 个部分:

- 新建 2 个零件。
- 新建 1 个装配体文件。
- 完成 1 个工程图文件的建立。

1. 新建零件 1

建立一个新零件,如附图 10 所示,单位为毫米。在你的文件夹里保存该零件为"Bracket"。

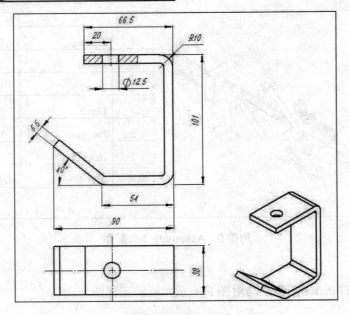

附图 10  Bracket 零件

2. 新建零件 2

建立一个新零件，如附图 11 所示，单位为毫米。在你的文件夹里保存该零件为"Yoke_male"。

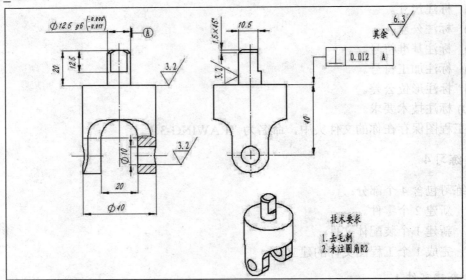

附图 11  Yoke_male 零件

3. 新建装配体

使用前面已经完成的 Bracket 和 Yoke_male 与系统提供的 Shaft、Arn、Knob、Spider 和 Yoke_female 建立装配体，命名为"Assembly-4"，如附图 12 所示。

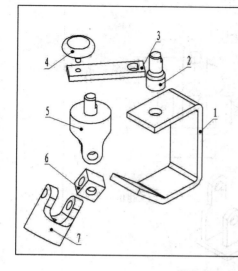

| 7 | Yoke_female | 1 |
| --- | --- | --- |
| 6 | Spider | 1 |
| 5 | Yoke_male | 1 |
| 4 | knob | 1 |
| 3 | arm | 2 |
| 2 | shaft | 1 |
| 1 | Bracket | 1 |
| 编号 | 零件名称 | 数量 |

附图 12  Assembly-4 装配体

4. 工程图

使用你建立的 Yoke_male，建立与附图 11 所示相近的工程图。
要求：
(1) 建立主视图(局部剖视图)。
(2) 建立俯视图。
(3) 建立左视图。
(4) 建立等轴测视图。
(5) 标注尺寸。
(6) 标注公差。
(7) 标注基准符号。
(8) 标注加工符号。
(9) 标注形位公差。
(10) 标注技术要求。
将工程图保存在你的文件夹中，命名为"RAWING-4"。

## A.3.5 练习 5

本练习包含 4 个部分：
- 新建 2 个零件。
- 新建 1 个装配体文件。
- 完成 1 个工程图文件的建立。

1. 新建零件 1

建立一个新零件，如附图 13 所示，单位为毫米。在你的文件夹里保存该零件为"Bracket"。

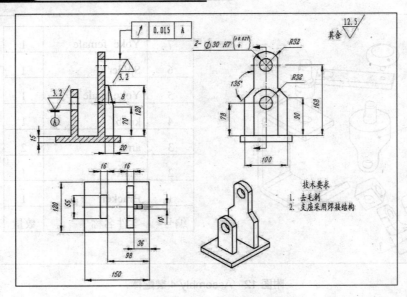

附图 13  Bracket 零件

**2. 新建零件 2**

建立一个新零件,如附图 14 所示,单位为毫米。在你的文件夹里保存该零件为"Scored_pulley"。

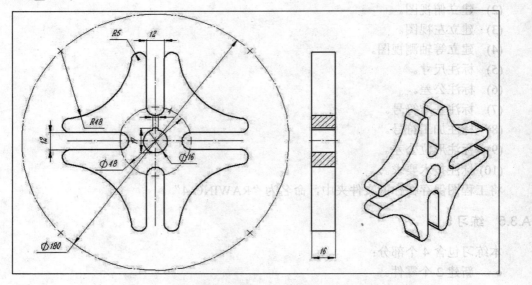

附图 14  Scored_pulley 零件

**3. 新建装配体**

使用前面已经完成的 Bracket 和 Scored_pulley 与系统提供的 Left_Sleeve、Copper_sleeve、Dod_drive 和 Right_Sleeve 建立装配体,命名为"Assembly-5",如附图 15 所示。

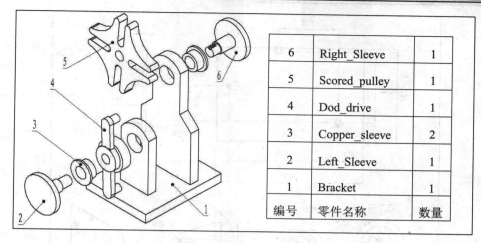

附图15 Assembly-5 装配体

4. 工程图

使用你建立的 Bracket，建立与附图13所示相近的工程图。

要求：

(1) 建立主视图(剖视图保留肋板)。
(2) 建立俯视图。
(3) 建立左视图。
(4) 建立等轴测视图。
(5) 标注尺寸。
(6) 标注公差。
(7) 标注基准符号。
(8) 标注加工符号。
(9) 标注形位公差。
(10) 标注技术要求。

将工程图保存在你的文件夹中，命名为"RAWING-5"。

## A.3.6 练习6

本练习包含4个部分：

- 新建2个零件。
- 新建1个装配体文件。
- 完成1个工程图文件的建立。

**1. 新建零件1**

建立一个新零件，如附图16所示，单位为毫米。在你的文件夹里保存该零件为"Base"。

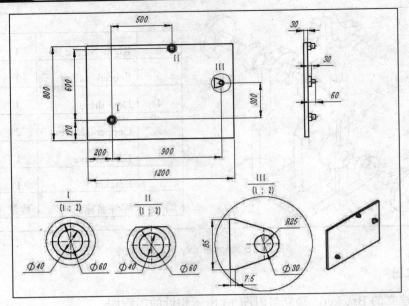

附图 16　Base 零件

2. 新建零件 2

建立一个新零件，如附图 17 所示，单位为毫米。在你的文件夹里保存该零件为"Contact_Housing"。

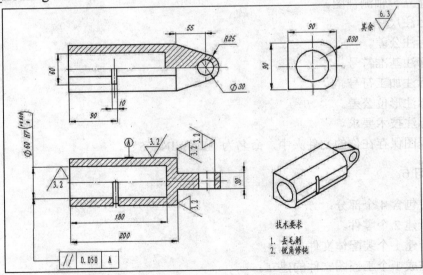

附图 17　Contact_Housing 零件

3. 新建装配体

使用前面已经完成的 Base 和 Contact_Housing 与系统提供的 Contact_Button、Contact_Lever、Follower 和 Eccentric_Cam 建立装配体，命名为"Assembly-6"，如附图 18 所示。

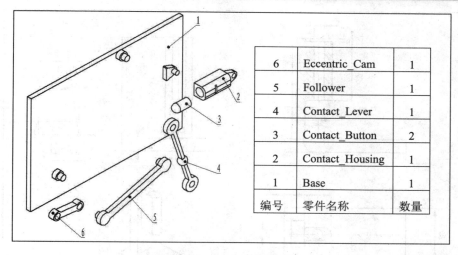

附图 18 Assembly-6 装配体

4. 工程图

使用你建立的 Contact_Housing，建立与附图 17 所示相近的工程图。
要求：
(1) 建立主视图(半剖视图)。
(2) 建立俯视图(全剖视图)。
(3) 建立左视图。
(4) 建立等轴测视图。
(5) 标注尺寸。
(6) 标注公差。
(7) 标注基准符号。
(8) 标注加工符号。
(9) 标注形位公差。
(10) 标注技术要求。

将工程图保存在你的文件夹中，命名为"RAWING-6"。

## A.3.7 练习 7

本练习包含 4 个部分：
- 新建 2 个零件。
- 新建 1 个装配体文件。
- 完成 1 个工程图文件的建立。

1. 新建零件 1

建立一个新零件，如附图 19 所示，单位为毫米。在你的文件夹里保存该零件为"Guide"。

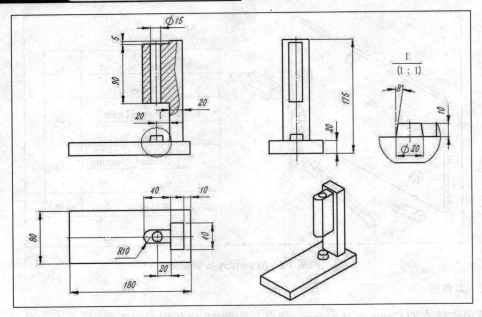

附图 19　Guide 零件

### 2. 新建零件 2

建立一个新零件，如附图 20 所示，单位为毫米。在你的文件夹里保存该零件为"Punch"。

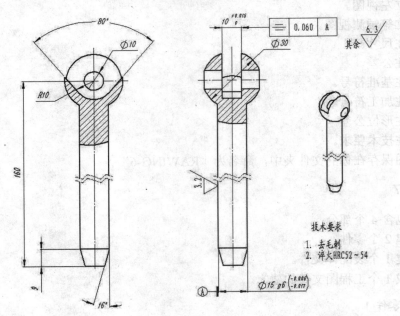

附图 20　Punch 零件

### 3. 新建装配体

使用前面已经完成的 Guide 和 Punch 与系统提供的 Link、Motor 和 Plate 建立装配体，命名为"Assembly-7"，如附图 21 所示。

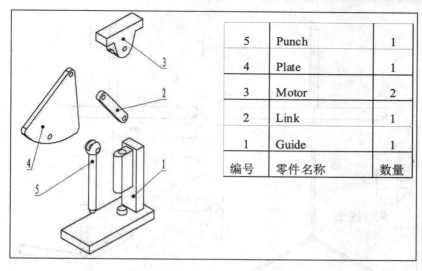

附图 21  Assembly-7 装配体

4. 工程图

使用你建立的 Punch，建立与附图 20 所示相近的工程图。

要求：

(1) 建立主视图。
(2) 建立断裂视图。
(3) 建立左视图(局部剖视图)。
(4) 建立等轴测视图。
(5) 标注尺寸。
(6) 标注公差。
(7) 标注基准符号。
(8) 标注加工符号。
(9) 标注形位公差。
(10) 标注技术要求。

将工程图保存在你的文件夹中，命名为"RAWING-7"。

### A.3.8  练习 8

本练习包含 4 个部分：
- 新建 2 个零件。
- 新建 1 个装配体文件。
- 完成 1 个工程图文件的建立。

1. 新建零件 1

建立一个新零件，如附图 22 所示，单位为毫米。在你的文件夹里保存该零件为"Center"。

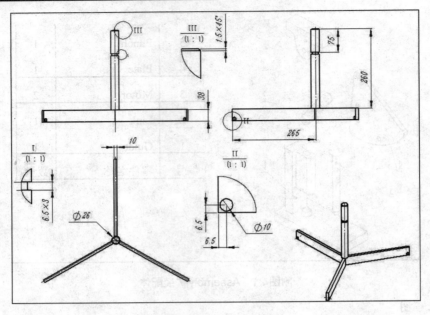

附图 22　Center 零件

2. 新建零件 2

建立一个新零件，如附图 23 所示，单位为毫米。在你的文件夹里保存该零件为"Collar"。

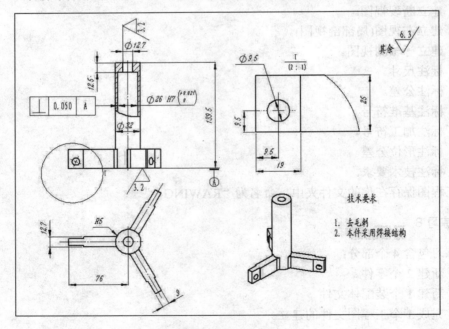

附图 23　Collar 零件

3. 新建装配体

使用前面已经完成的 Center 和 Collar 和系统提供的 Con_rod 和 claw 建立装配体，命名为"Assembly-8"，如附图 24 所示。

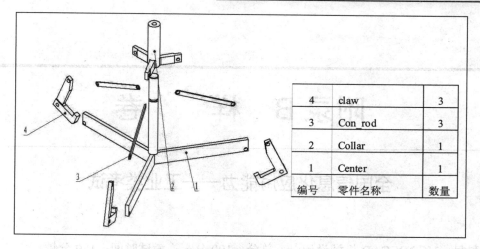

附图24 Assembly-8 装配体

4. 工程图

使用你建立的 Screw_rod，建立与附图23所示相近的工程图。
要求：

(1) 建立主视图(断面剖视)。
(2) 建立俯视图。
(3) 建立局部视图。
(4) 建立等轴测视图。
(5) 标注尺寸。
(6) 标注公差。
(7) 标注基准符号。
(8) 标注加工符号。
(9) 标注形位公差。
(10) 标注技术要求。

将工程图保存在你的文件夹中，命名为"RAWING-8"。

# 附录 B　样　卷

## 全国信息化应用能力——工业类考试

(科目：UG NX CAD 机械设计；　总分：100 分；　考试时间：180 分钟)

第一部分：理论题

(共 20 题，每题 1 分，共 20 分)

1. 选择【文件】|【新建】命令，将打开【新建】对话框，该对话框中包含 4 个选项卡，下列_____选项不属于该对话框的选项卡。
    A. 模型　　　　　　　　　B. 图纸
    C. 装配　　　　　　　　　D. 仿真

2. WCS 的轴有标识颜色；X 为红色，Y 为_____，而 Z 为蓝色。
    A. 黄色　　　　　　　　　B. 绿色
    C. 橙色　　　　　　　　　D. 灰色

3. _____可以用来确定单一草图元素的几何特征，或创建两个或多个草图元素之间的几何特征关系，包括约束和自动约束两种类型。
    A. 尺寸标注　　　　　　　B. 几何约束
    C. 镜像草图　　　　　　　D. 连接草图

4. 在【体类型】组中，选中_____单选按钮，用于控制在拉伸截面曲线时创建的是实体。
    A. 模型　　　　　　　　　B. 实体
    C. 片体　　　　　　　　　D. 体素

5. 基体上的边缘或基准被称为_____。
    A. 原点　　　　　　　　　B. 目标边
    C. 工具边　　　　　　　　D. 基准边

6. 确定_____可以创建基准面。
    A. 点和方向　　　　　　　B. 三点
    C. 过曲线上一点　　　　　D. 相切圆柱表面

7. 矩形阵列时，XC 方向、YC 方向是以_____坐标系的 X、Y 轴作为方向的。
    A. 基准坐标系　　　　　　B. 绝对坐标系
    C. WCS　　　　　　　　　D. 特征坐标系

8. _____是一个只读部件，与部件族的模板部件和部件族的参数电子表单相关联。
   A. 部件族                    B. 成员部件
   C. 标准部件                  D. 族实例
9. _____选项不是装配中组件阵列的方法。
   A. 线性                      B. 从实例特征
   C. 从引用集阵列              D. 圆的
10. 当使用【水平基线】命令标注尺寸链时，_____可以对所有尺寸之间的距离做调整。
    A. 双击某个尺寸，更改【偏置】值
    B. 右击某个尺寸，选择【样式】命令，更改【基线偏置】
    C. 选择【编辑】|【样式】命令
    D. 在以高亮显示尺寸处单击右键，从快捷菜单中选择【样式】命令
11. 创建平分的基准面需要选择_____个面。
    A. 1                        B. 2
    C. 3                        D. 4
12. 当使用两个表面相交建立相对基准轴时，轴方向_____。
    A. 由左手规则确定            B. 由右手规则确定
    C. 不确定                    D. 无法确定
13. _____是按照厚度将实体模型挖空形成一个内孔的腔体(厚度为正值)，或者包围实体模型成为壳体(厚度为负值)。
    A. 孔                        B. 腔体
    C. 抽壳                      D. 成形
14. _____是将模型的表面沿指定的拔模方向倾斜一定的角度，因而广泛应用于各种模具的设计领域。
    A. 倒角                      B. 拔模
    C. 成形                      D. 倒圆
15. 测量体命令中，无法测量体的_____参数。
    A. 体积                      B. 质量
    C. 密度                      D. 表面积
16. 一个_____是多个零部件或子装配的指针实体的集合。任何一个装配是一个包含组件对象的.prt 文件。
    A. 装配                      B. 组件
    C. 零件                      D. 模型
17. _____在一个单独的窗口中以图形的方式显示出显示部件的装配结构，并提供了在装配中操控组件的快捷方法。
    A. 部件导航器                B. 装配导航器
    C. 零件列表                  D. 打开对话框
18. 在创建_____剖视图时，需要首先绘制出该剖视图的剖视范围曲线。
    A. 旋转                      B. 局部

C. 半剖　　　　　　　　　　　D. 展开

19. 对齐视图包括 5 种视图的对齐方式，其中_____可以将所选视图中的第一个视图的基准点作为基点，对所有视图做重合对齐。

A. 水平　　　　　　　　　　　B. 竖直
C. 叠加　　　　　　　　　　　D. 垂直与直线

20. 当剖面线中有文字穿过时，要打断剖面线，可以选择_____方式实现。

A.【编辑】|【剖面线边界】　　B. 双击剖面线修改
C.【插入】|【剖面线】　　　　D. 右击剖面线，选择【样式】命令

第二部分：上机题 80 分

在开始正式的考试前，请考生务必注意并做到：

(1) 在你的电脑上建立一个 "E:\ NCIE <你的 ID 号> <今天的日期>" 的文件夹。

例如：E:\NCIE05310101090810

其中：0531010 是你的考试 ID 号，090810 是 2009 年 08 月 10 日。中间不能有空格。

(2) 你完成的所有工作必须保存在所建的文件夹中，否则可能无法进行评分。

(3) 必须按照题目中给定的名称保存文件。例如，题目中要求使用"Shaft"来命名支架零件，你必须使用"Shaft"这个文件名称保存完成的支架零件。

(4) 没有按照正确的名称命名并保存文件的，不予评分。

上机题包含 4 个部分：

- 新建 2 个零件。
- 新建 1 个装配体文件。
- 完成 1 个工程图文件的建立。

1. 新建零件 1

建立一个新零件，如附图 1 所示，单位为毫米。在你的文件夹里保存该零件为"Shaft"。

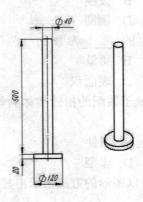

附图 1　Shaft

2. 新建零件 2

建立一个新零件，附图 2 所示，单位为毫米。在你的文件夹里保存该零件为"Rot_Collar"。

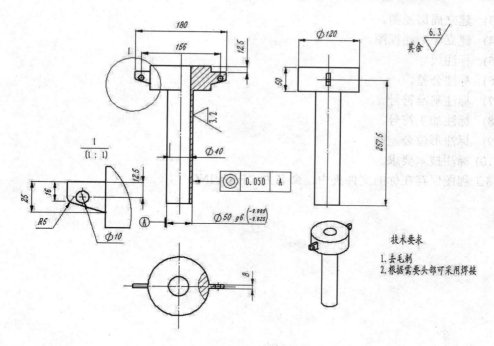

附图 2　Rot_Collar

3. 新建装配体

使用前面已经完成的 Shaft 和 Rot_Collar 和系统提供的 Slider、Link 和 Sphere_Link 建立装配体，命名为"Assembly"，附图 3 所示。

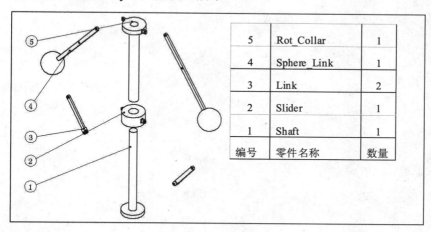

| 5 | Rot_Collar | 1 |
| 4 | Sphere_Link | 1 |
| 3 | Link | 2 |
| 2 | Slider | 1 |
| 1 | Shaft | 1 |
| 编号 | 零件名称 | 数量 |

附图 3　Assembly

4. 工程图

使用你建立的 Screw_rod，建立与附图 2 所示相近的工程图。

要求：

(1) 建立主视图(断面剖视)。

(2) 建立俯视图。

(3) 建立局部视图。
(4) 建立等轴测视图。
(5) 标注尺寸。
(6) 标注公差。
(7) 标注基准符号。
(8) 标注加工符号。
(9) 标注形位公差。
(10) 标注技术要求。

将工程图保存在你的文件夹中，命名为"RAWING"。

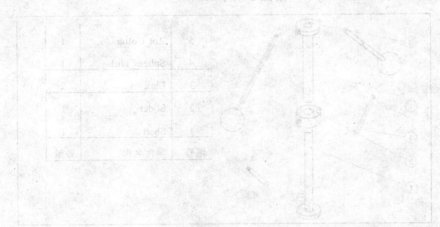

# 参 考 文 献

1. 洪如瑾. UG NX 4 CAD 快速入门指导. 北京：清华大学出版社，2007
2. 洪如瑾. UG 相关参数化设计培训教程. 北京：清华大学出版社，2007
3. 洪如瑾. UG WAVE 产品设计技术培训教程. 北京：清华大学出版社，2007
4. 洪如瑾. UG 知识熔接技术培训教程. 北京：清华大学出版社，2007
5. 洪如瑾. UG NX 5 设计基础培训教程. 北京：清华大学出版社，2008
6. 洪如瑾. UG NX 5 设计与装配进阶培训教程. 北京：清华大学出版社，2008

# 参考文献

1. 钟日铭．UG NX 4 CAD 快速入门指导．北京：清华大学出版社，2007
2. 谢龙汉．UG 高级培训设计教程与实例精解．清华大学出版社，2007
3. 展迪优．UG WAVE 网联装配大师级教程．北京：机械工业，2007
4. 李泽民．UG 曲面造型技术范例精解．北京：清华大学出版社，2007
5. 云杰漫步．UG NX 5 中文版模具设计教程．北京：清华大学出版社，2008年
6. 代瑞涛．UG NX 5 中文曲面造型实用教程．北京：清华大学出版社，2008